氮化硅轴承多尺度缺陷特征的识别与检测方法研究

廖达海　江毅　郑琦　董枫／著

中国纺织出版社有限公司

图书在版编目（CIP）数据

氮化硅轴承多尺度缺陷特征的识别与检测方法研究 /
廖达海等著. -- 北京 ：中国纺织出版社有限公司，
2025. 2. -- ISBN 978-7-5229-2492-2

Ⅰ．TH133.3

中国国家版本馆 CIP 数据核字第 2025QC6380 号

责任编辑：房丽娜　　责任校对：王花妮　　责任印制：储志伟

中国纺织出版社有限公司出版发行

地址：北京市朝阳区百子湾东里A407号楼　邮政编码：100124

销售电话：010—67004422　传真：010—87155801

http://www.c-textilep.com

中国纺织出版社天猫旗舰店

官方微博 http://weibo.com/2119887771

河北延风印务有限公司印刷　各地新华书店经销

2025年2月第1版第1次印刷

开本：787×1092　1/16　印张：13

字数：310千字　定价：99.00元

序

　　氮化硅轴承是一种具有优良综合物理性能的关键零部件，在超高温、极酷寒、高辐射、强磁场的人造卫星、远程导弹、航空母舰等许多高精尖特殊领域发挥着不可替代的作用，具有广阔的市场前景和科研价值。然而，氮化硅轴承在制备与加工过程中极易产生空隙或亚间隙、晶界玻璃相等显著缺陷，这些缺陷的存在易造成氮化硅轴承在使用过程中出现可靠性问题，从而使氮化硅轴承的进一步推广受到一定程度的限制。

　　作者所在景德镇陶瓷大学机械电子工程学院的工业装备数字化设计与智能检测技术团队，围绕高精尖企业亟需解决的科技痛点、难点问题，基于智能装备与核心零部件设计、复合材料结构动力学、人工智能与无损检测装备、微纳机器人和仿生机器人设计四个研究方向展开研究，在关键零部件设计方法与设备、微纳机器人及仿生机器人、复合材料结构振动控制、航空动力转子零部件设计等领域取得了一系列原创成果，先后承担国家级科研项目11项，省部级科研项目25项，其他纵向课题科研项目36项，横向科研项目12项；在国内外发表高水平论文200余篇，其中SCI/EI检索160余篇；授权发明专利60余项；出版学术专著13部。

　　本人作为团队负责人，为作者在理论研究上所取得的研究成果感到高兴，更为团队能将理论升华到工程实践检测中去，并撰写学术专著《氮化硅轴承多尺度缺陷特征的识别与检测方法研究》而感到由衷的敬佩。作者能充分结合我校结构陶瓷领域的优势特色，依托国家日用及建筑陶瓷工程技术研究中心、陶瓷新材料国家地方联合工程研究中心等国家级科技创新平台、江西省陶瓷材料加工技术工程实验室为背景，以氮化硅陶瓷轴承缺陷几何特征为检测对象，搭建氮化硅陶瓷轴承缺陷采集实验平台，制作了氮化硅陶瓷轴承缺陷数据集。同时，作者研究团队还根据氮化硅轴承缺陷纹理特征、几何特征和类型特征，提出了语义分割网络识别方法，实现了氮化硅陶瓷轴承显著缺陷的提取，并联合图像处理与深度学习归类氮化硅陶瓷轴承缺陷检测与分类的方法，使得氮化硅轴承表面高精度、高效率缺陷检测得以实现。

　　整本著作结合氮化硅陶瓷轴承使用背景、缺陷、产生机理及相关特性等信息为出发点进行研究，研究内容饱满、生动、形象，具有很好的参考研究价值，是一本值得推荐的实践性专著。

吴南星

景德镇陶瓷大学

2024 年 4 月

前　言

氮化硅轴承具有防磁化、防静电、耐高温等金属轴承无法比拟的综合性能，在航空航天动力系统、核工程等高精尖领域具有广泛的应用前景。然而，氮化硅轴承在热等静压成型、精细研磨、精密抛光等制备与加工过程中极易产生空隙或亚间隙、晶界玻璃相等显著缺陷，导致氮化硅轴承的运行寿命不可预判。有效识别并剔除具有显著性缺陷的氮化硅轴承是保证氮化硅轴承运行的核心环节。为此，不少专家学者对识别方法和技术展开了一系列研究。其中，具有代表性的缺陷检测方法有超声波无损检测、X 射线成像无损检测、红外热像无损检测、渗透检测等，上述检测技术在一定程度上能做到有效识别并剔除具有缺陷的氮化硅轴承，但检测过程存在效率低、精度低、误差大、受被检测件和环境影响较大等问题，其根本原因在于对氮化硅轴承的缺陷特征、几何特征、检测过程原理等多学科交叉层面认识不足。因此，深层次剖析氮化硅轴承材料属性、缺陷特征、几何特征及检测过程原理是准确识别与提取缺陷特征的关键。

本专著通过深入分析氮化硅陶瓷轴承纹理特征与几何特征及检测过程的特性，提出了氮化硅陶瓷轴承缺陷有效识别、提取及分类的方法。第 1 章阐述了氮化硅陶瓷轴承的应用背景及常规的无损检测方法，提出了传统图像处理和深度学习图像处理方法对氮化硅轴承缺陷的视觉检测方法。第 2 章阐述了语义分割网络识别氮化硅轴承显著性缺陷的相关理论基础，对语义分割目标、评判标准、语义分割网络识别氮化硅轴承显著性缺陷的实现方式进行了介绍。第 3 章介绍了氮化硅轴承机器视觉检测平台的方案设计与显著性缺陷数据的采集、标注及数据集的增广与平衡。第 4 章阐述了语义分割网络识别氮化硅轴承显著性缺陷检测方法，并通过语义分割网络识别实验方法对氮化硅轴承显著性缺陷进行检测与分析。第 5 章提出了嵌入多尺度特征语义分割网络识别氮化硅轴承显著性缺陷检测方法，应用语义分割网络识别方法对缺陷进行了检测，并对检测结果进行了分析。第 6 章阐述了多尺度特征—注意力机制相融合的语义分割网络识别氮化硅轴承显著性缺陷检测方法，通过实验检测并对检测结果进行了对比分析。第 7 章阐述了　多尺度分解识别的氮化硅轴承多类型缺陷的理论基础，从图像采集、分析及数量模型建立的角度到高斯模型—图像多尺度分解耦合算法逐步深入识别并分析了氮化硅轴承多类型缺陷特征。第 8 章阐述了基于图像多尺度分解算法的氮化硅轴承多类型缺陷检测，利用图像多尺度分解方法对氮化硅轴承多类型缺陷检测的图像进行预处理、多尺度分解、增强及重构与分割，并对检测结果进行分析。第 9 章阐述了基于高斯模型自适应模板方法的氮化硅轴承多类型缺陷检测，并通过高斯模型自适应模板对氮化硅轴承表面缺陷结果进行了分析。第 10 章阐述了基于高斯模型与图像分解算法的氮化硅轴承多类型缺陷检测，并利用高斯模型与图像分解算法对氮化硅轴承多类型缺陷检测结果进行了分析。第 11 章介绍了氮化硅轴承缺陷检测、分类图像处理算法模型及分类深度学习算法模型 ，并阐述了缺陷采集平台的搭建过程。第 12 章阐述了基于平稳小波变换的氮化硅陶瓷轴承表面缺陷图像多尺度分解增强算法，并通过缺陷图像信息特性、图像增强算法与试验的方法对缺陷特征结果进行了分析。第 13 章阐述了基于重构 Faster R-CNN 算法的氮化硅陶瓷轴承缺陷检测与分类过程，并对识别检测的缺陷特征进行了分类分析。第 14 章阐述了基于重组 YOLOv5 算法结构的氮化硅陶瓷轴承缺陷检测与分类方法，并通过重组 YOLOv5 算法对检测与分类结果及分类性能进行了分析。第 15 章总述了传统图像处理和深度学习图像处理方法的缺陷检测结果，提出了基于传统图像处理与深度学习的氮化硅陶瓷轴承表面缺陷检测与分类方法可实现高精度、高效率检测，并对下一步深入完善检测缺陷和分类方法进行了展望。

本专著来源于作者主持的课题研究成果，有以下课题组老师及硕士研究生参与本专著的研究工作，其中课题组老师有吴南星、汪伟、余冬玲、廖达海，博士研究生有宁翔、乐建波、郑琦、李冠彪，硕士研究生有殷明帅、张小辉、朱祚祥、黄佳雯、刘俊雄、胡坤、刘桂玲、杨健飞、朱良煜、朱宝熙、申海灿、曾添、夏鑫、刘娟、汤梦涛、廖升等。专著的成果基于以上成员的智慧和辛勤劳动，在此致以诚挚的谢意。

人生有限，智慧无穷，随着视觉检测技术的不断发展，陶瓷轴承表面缺陷检测精度和效率将会越来越高，本专著由于作者的研究水平及时间有限，有不当之处，还恳请读者指正。

著者

景德镇陶瓷大学

2024 年 4 月

目 录

第 1 章　概论

1.1　研究背景

　　轴承作为轴的支承部件，在机械设备中有着举足轻重的作用，被广泛应用于航空航天、农业机械、工业机械和医疗设备等领域。在航空航天领域，传统的钢制轴承难以适应高温、高速、重载等复杂条件下的运行环境，不能满足航天领域对轴承的工作要求。陶瓷材料由于优良的物理和化学属性，被认为是研制航天滚动轴承的理想材料。自陶瓷轴承研制以来，国内外对陶瓷轴承的研究取得突破性进展，氮化硅凭借其良好的综合性能，成为制备陶瓷轴承优先选择的陶瓷材料，为火箭发动机轴承使用寿命的延长、导弹发动机润滑系统的简化、航天器的整机性能的提高做出重大贡献。

1.1.1　氮化硅轴承的应用场景

　　轴承作为机械工程领域中常用的零部件，是支撑和传递机械运动的重要部分。它的主要作用是在轴与座之间加入滚动元件，使轴承能够顺畅地旋转而不会与座发生直接的摩擦和磨损。轴承的设计和研究涉及到机械工程、材料科学、制造工艺等多个学科，对于现代工业的高效生产和研究具有重要意义。近年来，随着新材料、新工艺和新技术的不断发展，轴承的性能也不断得到提高和优化，已经成为工业制造和高端科技领域不可或缺的重要部分。

　　氮化硅轴承较于普通钢制轴承具有耐磨、耐寒、耐高温、磁电绝缘、无油自润滑、高转速等优秀特性，因此，相比钢制轴承，氮化硅轴承更加适用于极限环境以及特殊工况。近年来随着高精尖领域的发展，对轴承性能提出了更高的要求，为适应更高标准的运行要求，实现轴承在极端苛刻条件下可以长期稳定地工作，科技工作者研制了性能优越的陶瓷轴承，其中主要有碳化硅陶瓷轴承、氧化锆陶瓷轴承和氮化硅轴承。而氮化硅陶瓷具有耐高压蠕变能力强、耐热膨胀系数小、抗氧化性、抗酸碱盐腐蚀性、超耐高温、超耐磨损、无油自润滑性等特点，是综合物理性能、化学性能与机械性能优越的超高温结构陶瓷，素有陶瓷界独一无二的"全能冠军"之称。因此，氮化硅轴承是未来极端苛刻先进装备核心动力系统的关键，其在现代导弹动力装置、火箭引擎动力器、航天卫星动力系统、直升机发动机、核工程动力装备等极严酷工况条件中，具有无可比拟的优越性。图 1-1 所示为氮化硅轴承应用领域示意图。

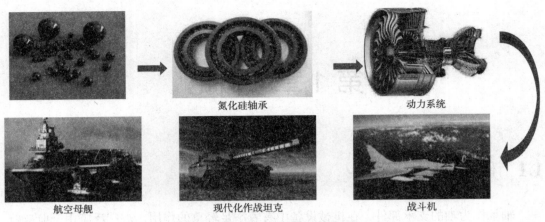

图 1-1　氮化硅轴承应用领域示意图

1.1.2　氮化硅轴承缺陷问题分析

氮化硅轴承纵然性能优于钢制轴承，却仍未在先进装备领域广泛推广。其核心问题在于氮化硅轴承在运行过程中易产生疲劳剥落、瞬间崩解等失效形式，势必造成安全隐患，对于国防军工、重工机车、通信工程等领域是莫大的忌讳。因此，氮化硅轴承的稳定性差是阻碍其推广的主要因素，而氮化硅轴承失效的根本原因归结于氮化硅轴承缺陷的形成与扩展。在氮化硅轴承制备过程中，由于材质及加工技术的限制，在滚子表面极易出现微小缺陷，为有效地提高应用装备整机应用的稳定性和保障整机性能，需对制备的氮化硅轴承进行缺陷检测，保证其质量。氮化硅存在 3 种结晶结构，分别是 α、β 和 γ 三相，其中 α 和 β 两相是氮化硅普通型式且在常压下可制备，而 γ 相只有在高压与高温下才能合成得到。由于氮化硅自身为极性共价键原子晶体结构，导致氮化硅轴承挤压应力远大于其剪切应力，在其制造过程中易形成雪花、凹坑、裂纹、划痕、擦伤等缺陷。由于氮化硅自身的材料属性，氮化硅轴承制备过程中缺陷的产生是不可避免的，有效地获取氮化硅轴承缺陷的形成与扩展信息，是改善氮化硅轴承性能的核心环节。因此，采用先进有效的检测手段提取制备氮化硅轴承各个工艺过程形成与扩展的缺陷，并进行缺陷检测，是分析氮化硅轴承缺陷的形成与扩展机制的先决条件。图 1-2 所示为氮化硅轴承表面常见缺陷。

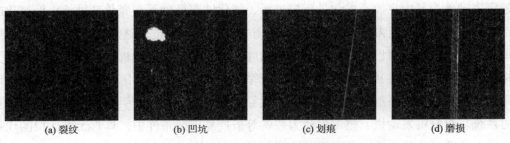

(a) 裂纹　　　　　(b) 凹坑　　　　　(c) 划痕　　　　　(d) 磨损

图 1-2　氮化硅轴承表面常见缺陷

在工业 4.0 的大背景下，我国工业逐渐进入"中国制造 2025"的时代，高温、低寒，高压、重载，高速、耐磨等极劣的环境已成为新时代工业环境的重要标志。为确保极劣环境下材料的质量，必须采用对待测的材料或者部件没有任何损伤且不改变其性能的检测方法，进行百分之百的检测。机器视觉表面缺陷无损检测方法可以对材料或部件的表面缺陷进行很好的检测与分类，该方法具有适用范围广、精度高、不受待测件外观轮廓的影响、检测效率高等优点。

近年来，深度学习迅速发展，嵌入深度学习网络的机器视觉表面缺陷无损检测方法不断得到完善。在图像处理、目标检测、语义分割、显著性检测、智能机器人等领域取得突破性进展。在表面缺陷检测领域，深度学习嵌入式机器视觉系统的表面缺陷无损检测方法主要还是停留在目标检测领域，即对表面缺陷实现定位、分类功能，无法判断表面缺陷的外观形状、尺寸大小等。因此，基于此背景，运用深度学习领域中的语义分割网络，对其加以优化与创新，将其嵌入到机器视觉系统中，对氮化硅轴承表面缺陷进行检测。运用传统缺陷方法和深度学习方法对氮化硅轴承缺陷进行区域分割的方法在氮化硅轴承检测领域越发受到关注，对氮化硅轴承的推广及运用有促进作用。

1.2 氮化硅轴承缺陷检测方法研究现状

目前，国内外对氮化硅轴承的检测方法主要分为以人力为代表的人工检测法和以机器为主导的无损检测法，随着科技的进步以机器为主导的无损检测方法又被划分为常规无损检测法和自动化无损检测法，其中自动化无损检测法主要以嵌入人工智能的机器视觉无损检测法为主体。因为人工检测方法的主体不稳定，导致其检测结果存在检测效率低、误检率高、随机性强、稳定性差、无法全天候检测等缺点。为提高检测精度，人工检测方法往往选择在强光条件下完成检测，这不可避免地会对检测人员的视力造成损害，不能满足长期的检测要求。无损检测（NDT）是在不改变氮化硅轴承表面或内部结构的情况下，检测氮化硅轴承表面或内部缺陷的类型、数量、形状、位置和大小的一种方法。

1.2.1 氮化硅轴承无损检测方法的研究现状

氮化硅轴承作为一种硬度高、韧性差的脆性材料，显著性缺陷等结构缺陷严重影响了氮化硅轴承的质量，因此氮化硅轴承缺陷检测一直是陶瓷轴承制造生产领域的热点问题。氮化硅轴承的缺陷无损检测技术虽然已经取得了很大的进步，但由于其本身的几何特征及物理属性，导致其检测技术在某些关键领域依然处于理论研发阶段。因此，高效准确的无损检测技术的研发对于保证氮化硅轴承的质量至关重要。氮化硅轴承的常规无损检测方法主要有超声波无损检测法、X-射线成像无损检测法、红外热像无损检测法、

CCD 图像机器视觉无损检测法等。

（1）氮化硅轴承超声波无损检测技术

作为在陶瓷材料检测领域中应用最为广泛的常规无损检测技术之一的超声波无损检测技术，它在氮化硅轴承缺陷无损检测领域有很好的实际应用效果。超声波无损检测技术主要依靠超声波参数和超声波衰减数据来观测氮化硅轴承的内部结构并分析其力学性能。氮化硅轴承超声波自动无损检测系统的工作原理流程图如图 1-3 所示。

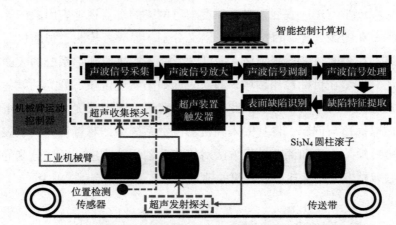

图 1-3 氮化硅轴承超声波自动无损检测系统工作原理流程图

氮化硅轴承超声波自动无损检测系统原理是通过超声波在氮化硅陶瓷介质中的传播，利用超声波在氮化硅陶瓷介质中的反射、折射等来检测其内部或表面缺陷。Chen 等人提出了一种检测关于氮化硅轴承 C 形裂纹缺陷的高频超声无损检测方法。然而，此方法对氮化硅轴承所有类型的缺陷并不都是行之有效的方法。为解决其应用范围狭小的问题，在该方法基础上设计了一种基于超声共振光谱的类似改进方法。在对古陶瓷进行分类时，Salazar 等人利用超声波无损技术以及对陶瓷进行独立成分分析的方法，对其进行分类。为检测装甲陶瓷部件内的氮化硅轴承的表面质量，Kesharaju 等人设计了一种基于自动高频超声波检测的分类系统，用于检测和定位氮化硅轴承的缺陷和微观结构变化。超声波无损检测技术因其低成本的优势在陶瓷工业中得到广泛应用。但氮化硅轴承超声波无损检测技术在实际应用领域的通用性较差且检测精度较低。

（2）氮化硅轴承 X- 射线成像无损检测技术

基于 X- 射线穿透和辐射传播的 X- 射线无损检测技术是一种非破坏性检测技术。该技术可用于检测材料的内部缺陷或结构，具有高效、准确、安全等优点。在该技术的应用中，X- 射线穿透被测试材料并形成图像，通过对这些图像进行分析，可以检测出材料内部的缺陷或结构。目前，氮化硅轴承的无损检测技术还没有对所有缺陷均行之有效的可行算法。氮化硅轴承 X- 射线成像无损检测技术的工作原理流程图如图 1-4 所示。其工作原理是运用 X- 射线通过被测氮化硅轴承，X- 射线源发射的辐射经过陶瓷检测后会衰减，然后获得一个待测物理量的值，此测量值是基于在氮化硅轴承的选定截面上重建的某个物理量，并且如此重复，就可以形成陶瓷材料内部的三维图像。该系统将 X- 射线图像转换为数字图像，实现实时成像、图像处理、缺陷识别与提取。该系统由硬件系统和软件系统构成，硬件系统包括 X- 射线机、X- 射线射图像采集卡、数字图像转换装置、图像显示和操作平台等，软件部分包括成像、处理、存储和传输等模块。

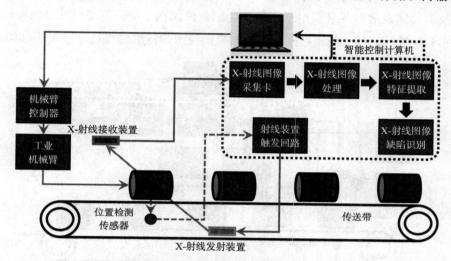

图 1-4　氮化硅轴承 X- 射线成像无损检测技术的工作原理流程图

　　Xi 等人通过 X- 射线实时成像技术研发了一种针对氮化硅轴承的内部缺陷的无损检测方法。关于氮化硅轴承的多层裂纹的检测，Andersson 等构建了一种使用 X- 射线成像无损检测技术检测多层裂纹的方法。在利用断层扫描的检测方法中，Thornoton 等人设计了一种利用微型 X- 射线计算机对氮化硅轴承进行断层扫描的方案，评价了氮化硅轴承的失效机制。Trieb 等人使用 X- 射线微型计算机断层扫描测试陶瓷膝关节植入物。Nickerson 等人基于 X- 射线 CT 图像分析研究了多孔陶瓷的渗透性。利用 X- 射线成像无损检测技术对氮化硅轴承缺陷进行在线检测的主要问题是检测效率低，无法满足快速、准确、高效的工业需求。X- 射线成像无损检测技术对横向缺陷的尺寸精度较高，但对深度的评价不够准确。

　　（3）氮化硅轴承红外热像无损检测技术

　　氮化硅轴承红外热像无损检测技术是一种采用光电技术检测物体的红外辐射特定波段信号，进而计算出温度值，并将其转换为人类视觉可识别的图像和图形，从而根据氮化硅轴承温度分布检测其缺陷的技术。氮化硅轴承红外热像无损检测技术的工作原理流程图如图 1-5 所示。氮化硅轴承红外热像无损测技术原理是利用普朗克热辐射定律，扫描氮化硅轴承表面，由于氮化硅轴承的表面缺陷引起的温差，从而测量表面或内部缺陷的位置。由图 1-5 可知其工作流程为：该系统利用热源对氮化硅轴承产生热激励，利用红外热像仪对氮化硅轴承进行图像采集，然后对采集到的氮化硅轴承图像进行处理，提取图像中缺陷特征的关键识别信息，最后对图像进行分类识别，剔除氮化硅轴承表面不合格品，完成分拣。为验证红外热像无损检测技术对氮化硅轴承质量检测效果，Sfarra等人通过对红外热像无损检测技术和全息干涉术对氮化硅轴承进行无损检测，发现氮化硅轴承红外热像无损检测技术较全息干涉术虽然具有灵敏度高，操作方便、安全等优势，但是，被测物体表面和背景辐射干扰往往会影响该无损检测的结果，并且氮化硅轴承缺陷的大小和位置的问题，使用红外热像无损检测技术的检测结果往往会无法准确。

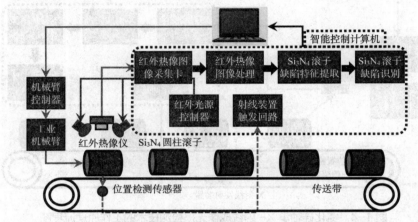

图1-5　氮化硅轴承红外热像无损检测技术的工作原理流程图

（4）氮化硅轴承 CCD 图像机器视觉无损检测技术

CCD 机器视觉缺陷检测技术是一种基于计算机视觉技术的自动化检测技术，主要应用于材料表面缺陷的检测。该技术采用高分辨率的 CCD 相机，将被测物体的图像采集到计算机中，并通过专用的软件进行处理和分析，以检测出物体表面可能存在的缺陷。

为满足氮化硅轴承缺陷检测的自动化无损检测技术的要求，随着光学、图像处理领域的技术取得突破进展，科研人员构建了基于机器视觉的氮化硅轴承缺陷检测系统，其工作原理流程图如图1-6所示。其中1代表平台支架，2为主动轮，3为从动轮，4与7为工业相机，5与6为光源。该系统由硬件和软件两部分构成，硬件包括光源、CCD 高速摄像机、传送带、图像采集卡、工控机、位置检测装置、分选装置等，软件包括图像处理、分类识别软件等。

为消除噪声信号对氮化硅轴承缺陷图像检测时的影响，Yu 等人通过分析氮化硅轴承缺陷图像三位灰度图的分布特征，创建了基于氮化硅轴承显著性缺陷图像的多尺度分解算法，对其缺陷图像进行降噪的图像预处理，从而识别氮化硅轴承缺陷特征。廖达海等人设计了一种基于耦合去噪算法的氮化硅轴承缺陷图像降噪与缺陷区域分割的方法，通过该方法可以有效去除采集的氮化硅轴承表面图像背景中的噪声信号，避免其对氮化硅轴承缺陷的 ROI 区域的检测产生干扰。为增强氮化硅轴承表面显著性缺陷的区域特

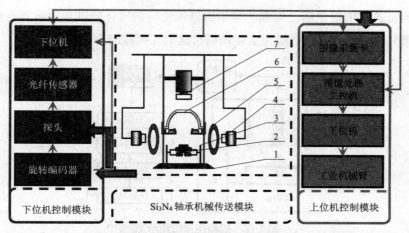

图 1-6 氮化硅轴承 CCD 图像机器视觉无损检测技术工作原理流程图

征，实现氮化硅轴承缺陷检测的目的，Yu 等人通过对氮化硅轴承表面图像算法模型的求解，构建了基于高斯模型—图像多尺度分解耦合算法的氮化硅轴承缺陷检测方法。目前，利用机器视觉方法进行氮化硅轴承显著性缺陷检测主要集中在图像处理算法的研究上。氮化硅轴承圆柱滚子 CCD 图像机器视觉无损检测技术是少数几种在工业领域得到部分应用的图像处理技术之一。虽然基于机器视觉的氮化硅轴承缺陷无损检测方法有利于无损检测的流线化，适用于陶瓷表面结构相对简单的产品，但复杂陶瓷产品内部缺陷检测仍需进一步研究。

1.2.2 机器视觉缺陷无损检测方法研究现状

在全球工业领域开始进行"工业 4.0"的第四次工业革命的大背景下，伴随中国经济的高质量发展，中国工业领域逐渐进入"中国制造 2025"的新时代，中国的人力资源愈发昂贵，中国的劳动力优势明显下降，造成企业劳动力成本增加。在此大背景下，为节约劳动力成本、提高企业生产效率、实现工厂的自动化与智能化，机器视觉表面缺陷无损检测方法逐渐在工业检测领域中流行起来。利用机器视觉对产品的外观检测以及质量控制已被广泛应用于各个行业，成为工业检测领域实现智能化不可避免的趋势。机器视觉无损检测方法在发展过程中主要历经了基于传统图像处理方式的缺陷检测方法的时期、基于机器学习的缺陷检测方法的时期、基于卷积神经网络的缺陷检测方法的时期。

（1）基于传统图像处理方式的机器视觉缺陷无损检测方法研究现状

机器视觉检测依据数字图像处理技术，借助计算机、CCD 相机、光学镜头、光源等辅助器材，对被检测物体进行图像采集，相机将图像信号传入计算机，计算机依靠相关图像处理算法对图像进行预处理、分割、识别等相关操作，最后获得检测结果。如图 1-7 所示，为典型的氮化硅轴承机器视觉缺陷检测系统。机器视觉检测方法是一种融合多学科的技术，随着制造业企业对产品质量要求不断提高，采用机器视觉检测方法的自动化检测设备需求量也随之增加。基于机器视觉检测氮化硅轴承缺陷具有很重要的应用前景和研究价值，未来将会成为工业现场首选的无损检测手段。

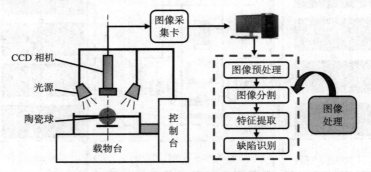

图 1-7　机器视觉检测示意图

由于传统检测方法的局限性，基于机器视觉的检测方法愈发广泛应用于缺陷检测中。采用机器视觉技术对氮化硅轴承表面缺陷进行检测，Zhang Kai 等分析氮化硅轴承表面缺陷检测方法存在的局限性，结合氮化硅轴承表面光学特性，提出了一种基于条纹反射的氮化硅轴承表面缺陷检测方法。该方法根据陶瓷球的镜面特性，采用平面屏，并在屏上画上条纹。若表面无缺陷，则在轴承表面形成均匀分布的线条。通过视觉平台采集氮化硅轴承表面图像，通过确定条纹变形区域实现氮化硅轴承表面缺陷检测。杨铁滨等自主设计了氮化硅轴承表面缺陷检测系统，并基于图像处理技术对氮化硅轴承表面缺陷进行检测，并为保证对氮化硅轴承表面进行全面检测设计了球面展开机构，推导氮化硅轴承面展开方程，设计系统的运动参数，实现了氮化硅轴承表面缺陷的自动分类与识别。Sun Ying 等针对氮化硅轴承表面缺陷，设计了一种基于条纹反射的氮化硅轴承表面缺陷快速视觉检测算法，综合灰度累积差分定位和模板匹配方法，对氮化硅轴承表面特征点进行定位，根据特征点评定表面缺陷，完成氮化硅轴承表面缺陷的检测，实现单幅表面图像的缺陷检测时间为 0.78s，检测尺寸精度极限为 16.5μm。Liu Bin 等针对轴承表面缺陷传统检测方法可靠性低，自主研制了轴承滚子表面微小缺陷检测系统，采用多角度照明方式，实现轴承滚子表面缺陷阈值分割、边缘提取及缺陷定位，有效地检测轴承滚子表面缺陷。Wen 等为检测轴承滚子表面质量，提出一种轴承滚子表面缺陷机器视觉检测系统，基于神经网络模型提取缺陷特征及获取缺陷位置信息，并根据缺陷的特征信息及位置参数，判定轴承滚子是否合格。最后进行了大量的实验，将该方法与传统方法进行了比较，证明了该方法具有良好的稳定性和鲁棒性。文生平等为实现轴承滚子外观检测，设计了基于光学成像的轴承滚子表面图像采集系统，提出了基于最大类间方差法与局部阈值的耦合方法对轴承滚子表面进行分割，并提取缺陷特征，采用 SVM 对缺陷进行分类，实现了轴承滚子的表面缺陷识别与检测。

基于传统图像处理方式的机器视觉无损检测方法的工作流程由缺陷图像处理及缺陷

检测两部分构成，其图像处理过程主要包括表面缺陷的图像采集、图像预处理（图像的降噪、增强等）、图像分割等模块，图像处理为缺陷检测部分的前期准备工作，缺陷检测部分则主要是采用特征提取、模板匹配等理论模型对表面缺陷进行检测。在图像阈值分割领域，Neogi 等人针对带钢表面起泡和水沉积等表面缺陷问题设计了一种基于梯度图像的全局自适应百分比图像阈值分割算法，以对带钢表面的起泡和水沉积等表面缺陷进行阈值分割。实现缺陷区域与背景区域的分割，将图像中感兴趣的目标或区域同其他部分进行区分是图像分割问题的本质。在对高亮回转类零部件表面缺陷图像进行分割的问题上，郭皓然等人将全局阈值的最大类间方差算法与形态学分割算法进行结合，提出一种新型的耦合阈值分割算法。上述基于图像阈值分割算法的视觉无损检测方法虽然精度都较高，但是均过分依靠于光照环境条件，光照环境好则图像分割的精度高，反之，分割精度也会随之降低。为解决图像阈值分割精度对光照环境的依赖问题，马云鹏等人设计了一种通用性较强且不易受光照环境影响的基于自适应分割算法的视觉无损检测方法，该方法不仅解决了光照环境的问题且适用于多种类型的金属表面缺陷检测。基于图像边缘检测算法的视觉无损检测方法其原理是通过对图像的像素灰度梯度进行计算，获得感兴趣区域（ROI）的轮廓信息及缺陷边缘信息。林丽君等人为对表面缺陷裂纹进行检测，构建了一种基于通过图像加权信息熵耦合小波模极大值算法的视觉无损检测法对裂纹类缺陷进行检测，此边缘检测算法能够很好地保留裂纹缺陷的边缘信息。郭萌等人将 Kirsch 算子与 Canny 算子进行重组耦合，提出一种新型的图像边缘检测算法，运用基于该算法的视觉无损检测方法对瓷瓦表面缺陷进行边缘检测，目标区域与背景成功实现完全分离。Wang 等人把结构化随机森林和小波变换进行融合，提出 SFW（Structured Random Forests and Wavelet Transform）边缘检测算法用于对裂纹的检测，该方法运用结构化随机森林与反对称双正交小波变换重建相结合的算法对裂纹进行检测。边缘检测算法对表面缺陷进行检测时，其关键在于缺陷的精准定位与速度的协调关系，最终实现缺陷定位的高效性与精准性。基于区域生长的图像分割算法解决了边缘检测算法无法具体地表征缺陷内部的像素信息的问题，Zhang 等人创造了一种裂纹检测区域生长的图像分割算法，将 ROB 的种子作为起点，针对其缺陷特点，设计特定的规则，求得搜索范围，此算法虽能高效地检测较大的、特征明显的缺陷，但对微小的细纹或凹坑缺陷存在漏检的问题。区域生长分割法原理简单，对于均匀的连通缺陷区域有着较好的分割效果。但是该法过分依赖于初始条件的选取，计算量较大，不适用于实时检测图像的检测。特征提取算法本质是以图像矩阵中的任一组图像数据为起点，为后续的学习提取缺陷特征。在得到的子空间中使目标具有较小类内聚散度和较大的类间聚散度为图像特征提取算法的基本思想，纹理、颜色、形状是目前图像特征常用的主要特征。为对玻璃瓶底部的缺陷进行检测，Zhou 等人提出一种基于小波变换和多尺度滤波耦合的缺陷检测算法的方法，该方法将底部缺陷区域分为中央面板和环形纹理两个特征区域，并在纹理特征区域上运用基于小波变换和多尺度滤波耦合的算法，将缺陷的纹理特征进行分割，该方法对玻璃瓶底部缺陷的检测效果明显。在钢轨的表面缺陷检测领域中，Yu 等人设计了一种基于尺度特征—图像金字塔算法的缺陷检测方法，该方法利用了由粗到细的模型识别不同尺度下的钢轨缺陷特征；而 Nieniewski 通过图像分割算法的形态学运算，设计了一种快速、高效的钢轨缺陷检测的方法。为实现混凝土缺陷的检测，Bhattacharya 等人构建了一种由交叉细粒度密集模块耦合并行双注意力机制模块的算法模型，其中并行双注意力机制模块用于提取在纹理、视角、形状和大小等方面变化的混凝土缺陷特征。

（2）基于深度学习网络的机器视觉缺陷无损检测方法研究现状及发展趋势

近年来，基于深度学习网络的机器视觉缺陷无损检测方法受到了广泛关注。将深度学习网络运用到物体缺陷检测领域的方案是一种端对端（End-to-End）的检测方案，由深度学习中的卷积神经网络会自主学习提取表面缺陷特征，通过卷积网络的人为设计规则提取的表面缺陷特征更能准确地表述和理解缺陷信息，使缺陷检测更为精准。深度学习网络在缺陷检测领域中的运用主要涵盖缺陷分类、缺陷检测识别、缺陷分割识别三大部分，分别对应深度学习网络中的图像分类网络、目标检测网络、语义分割网络。表 1-1给出了部分图像分类网络、目标检测网络、语义分割网络间的数据标签类型、检测结果、网络功能、网络特点的对比。语义分割网络本质上包含了图像分类、目标检测，这种端到端、像素级别的网络，将表面缺陷特征的提取、选择和分类结合在一起。总的来说，基于深度学习网络的机器视觉缺陷无损检测方法在不断发展，未来的研究方向可能会更加注重网络结构的优化、数据增强方法的改进、损失函数的设计和迁移学习的应用。

表 1-1　深度学习网络方式对比表

卷积神经网络类型	数据标签类型	检测结果	功能			网络特点
			分类	定位	分割	
图像分类网络 VGG, ResNet	类别	缺陷类别	√			适用于单一图像的缺陷二分类问题，所需标注简单，成本低
目标检测网络 Faster R-CNN, SSD, YOLO	矩形框	缺陷位置定位	√	√		适用于单一图像的缺陷多分类问题，标注成本较高
语义分割网络 FCN U-Net 系列 Deeplab 系列 Mask RCNN	多边形	缺陷区域分割	√	√	√	适用于不同缺陷的分类以及定位，标注成本高，可直观表达缺陷的轮廓、形状、尺寸信息

深度学习中的分割网络通常是指语义分割网络、实例分割网络。运用深度学习中的分割网络对待测样品表面进行缺陷检测时，主要是区分待测样品图像中的缺陷区域与图

像背景，但是实例分割在语义分割的基础上还可对同类型缺陷的不同个体进行分类，并得到缺陷具体的几何形状，此乃二者最大的不同。常见的语义分割网络有：FCN 网络，SegNet 网络，U-Net 系列网络，Deeplab 系列等。而实例分割则以 Mask R-CNN 实例分割网络最具代表性。

在 FCN 语义分割网络结构的基础上，王淼等人设计了一种 Crack-FCN 语义分割网络；Dung 等人构建了一种以 VGG-16 分类网络为主干网络（特征提取网络）的 FCN 语义分割网络。两种以 FCN 语义分割网络结构为基础设计的语义分割网络都实现了对裂纹缺陷的有效分割，提高了裂纹区域的分割精度。为对木材的表面缺陷进行语义分割，He 等人针对木材缺陷区域的分割问题，构造一种优化的 FCN 语义分割网络，以检测木材缺陷的位置并将其进行图像分割，识别精度高达 99.14%，实时性强。SegNet 网络作为一个在 FCN 语义分割网络基础上进行优化的语义分割网络，其本质是在 FCN 语义分割网络的基础上增添了解码器。Robert 等人设计了一种新型的语义分割网络，即 FL-SegNet 语义分割网络，其核心思想是将 Focal-Loss 损失函数融入到 SegNet 语义分割网络之中，利用隧道损伤图像数据集对 FL-SegNet 语义分割网络进行验证，结果表明此方法能够较好地对大尺度剥落损伤和小尺度裂纹进行缺陷区域分割，即使缺陷存在大小差异或重叠，也能同时识别多个损伤。U-Net 语义分割网络是一种具有编码—解码的 U 型结构分割网络。针对磁瓦的表面缺陷区域分割问题，刘畅等人使用空洞卷积替换 U-Net 语义分割网络中部分卷积层和池化层，对 U-Net 语义分割网络进行结构优化，结果表明该网络具有较好的缺陷语义分割精度；文喆皓等人构建一种新型整合型 U-Net 语义分割网络，该网络与 U-Net 语义分割网络相比，网络的分割能力得到增强。Liu 等人在现有 U-Net 和 ResNet 语义分割网络结构的基础上，设计了一种新的语义分割网络——U-ResNet 语义分割网络。DeepLab 系列语义分割网络不仅解决了 FCN 语义分割网络的分割结果粗糙的问题，还同时更加注重对细节特征的学习。在焊缝缺陷检测中，蒋美仙等人运用 DeeplabV3 语义分割网络对焊缝缺陷进行检测，取得了较好的分割结果。实例分割网络不仅能够实现语义分割网络的功能，还能区分出属于同类的不同实例。Xiao 等人改进 Mask R-CNN 语义分割网络，构建了 IPCNN（Image Pyramid Convolution Neural Network）图像金字塔卷积神经网络，提取用于缺陷检测的金字塔特征，IPCNN 实例分割网络在货运列车漏油缺陷检测中精度和召回率较好。目前 Mask R-CNN 最常见的应用则是直接对缺陷进行分割，例如，利用 Mask R-CNN 对焊缝、路面裂缝、皮革表面缺陷进行分割等。分割网络相比于分类和检测网络，在对缺陷信息特征提取时具有一定的优势，但是也需要大量的数据集为语义分割网络训练做支撑。

综上，基于传统图像分割方法与基于深度学习网络的语义分割方法各有特点，如表 1-2 所示，与传统图像处理的缺陷分割方式相比，基于深度学习网络模型的表面缺陷分割方法的缺陷分割效果略胜一筹且具有较强的泛化能力。基于深度学习的缺陷检测方法是未来缺陷检测领域的主要发展方向。尽管目前目标检测算法已经取得了很大的进展，但在实际生产工程中，缺陷检测算法的部署仍然面临着诸多挑战，存在着许多问题亟待解决。

表 1-2　缺陷分割方法对比表

	传统的图像分割法	基于深度学习的图像分割法
方法	阈值分割、边缘检测、区域生长	语义分割网络（FCN, SegNet, DeepLab 系列，U-Net 系列等）； 实例分割（Mask R-CNN 等）
本质	像素划分（人工调参）	网络学习（自主学习缺陷特征）
分割条件	图像的质量优良及对比度高	大量的缺陷数据集
网络效果	差	较好
耗时	人工调参，耗时少	模型训练，依据网络结构而定
泛化能力	差	较强

1.3　课题研究内容与意义

1.3.1　课题研究内容

氮化硅陶瓷具有良好的综合性能，如密度小、重量轻、强度高、弹性模量适中、耐腐蚀、磁电绝缘等优秀的力学及物理性能、良好的综合性能，使其成为研制陶瓷轴承的主要材料之一。氮化硅轴承具有异于普通钢制轴承的综合机械性能，极端恶劣的工业环境下有着极为广泛的应用，主要应用在航空航天、核工业领域、化学工业领域内的大型机械设备以及医疗器械、精密光学仪器、高速电机等中小型精密仪器。在氮化硅轴承制备及加工过程中，由于陶瓷材料的脆性和加工工艺技术的局限性，在氮化硅轴承热等静压成型、精细研磨、精密抛光等过程中会不可避免地出现凹坑、裂纹、雪花、划伤、擦伤等表面缺陷，并在使用过程中出现缺陷扩展现象，影响氮化硅轴承运行的稳定性及安全可靠性。为有效实现氮化硅轴承表面缺陷高精度、高效率的无损检测，保证表面质量。结合氮化硅轴承表面图像灰度排序矩阵方程、离散高斯函数、图像灰度多维数据模型理论，分析氮化硅轴承表面图像灰度分布规律、表面缺陷成形机制及扩展机理，提出了高斯模型—图像多尺度分解耦合算法的氮化硅轴承表面缺陷检测方法，优化网络模型，研制了机器视觉检测系统用于氮化硅轴承圆柱滚子表面缺陷的区域分割，提炼出氮化硅轴承缺陷处理的多尺度耦合函数、平稳小波变换方程、卷积神经网络模型理论。实现了氮化硅轴承表面缺陷检测的高精度、高效率。具体研究内容如下：

　　①建立了高斯模型—图像多尺度分解耦合算法，求解氮化硅轴承表面缺陷图像数据算法模型。基于氮化硅轴承表面缺陷检测与分类识别分步进行的思想，建立氮化硅轴承表面缺陷图像多维度预处理模型、图像灰度增强矩阵方程与图像分割函数；并构建了高斯模型—图像多尺度分解耦合算法的基础函数方程。搭建氮化硅轴承表面缺陷无损检测平台，结合氮化硅轴承制备加工、检测工艺及采集的表面缺陷图像，分析氮化硅轴承表面缺陷的形成与扩展机制，确定了氮化硅轴承表面缺陷图像目标特征区域增强是实现缺陷检测的关键。结合氮化硅轴承表面缺陷图像的三维灰度分布特征，提出了图像多尺度分解算法的氮化硅轴承表面缺陷检测方法。通过 Sobel 算子获取氮化硅轴承表面缺陷梯度图像，建立了离散平稳小波变换氮化硅轴承表面缺陷梯度图像多尺度分解模型，并得到梯度图像多尺度分解系数；剖析各分解系数中缺陷信息与噪声信息的数据分布，通过傅里叶变换和指数低通滤波器对分解系数进行修正，并搭建自适应非线性增强模型增强缺陷信息；再次基于平稳小波逆变换和阈值法对图像进行重构及分割，得到缺陷二值图像，实现氮化硅轴承表面缺陷检测。

　　②针对氮化硅轴承表面缺陷图像的整体灰度统计特征，设计了高斯模型自适应模板算法的氮化硅轴承表面缺陷检测方法。获取氮化硅轴承无缺陷图像灰度统计特征，采用高斯模型对无缺陷灰度统计特征进行拟合，结合高斯拟合曲线和灰度排序矩阵，建立氮化硅轴承表面初始无缺陷模板图像；根据给定缺陷测试图像的灰度分布，确定缺陷排序矩阵中的更新区域，结合高斯拟合曲线及等面积分割模型，确定更新灰度，生成给定缺陷的自适应更新模板；基于减运算及非线性增强提高缺陷信息与背景的对比度，采用逆排序操作，得到目标特征缺陷增强图像；通过阈值法及 Canny 算子，获取二值图像及缺陷边缘特征，实现氮化硅轴承表面缺陷检测。分析氮化硅轴承表面缺陷图像的局部灰度概率特征，构建了高斯模型与图像分解耦合算法的氮化硅轴承表面缺陷检测方法。通过缺陷图像目标特征分块操作，分析缺陷区域与无缺陷区域的局部灰度概率分布特征，结合高斯模型对概率曲线进行拟合，并计算灰度概率累积曲线，依据随机概率矩阵，求解灰度定积分，获取无缺陷模板；应用图像分解方法对缺陷图像及无缺陷模板图像进行分解，并基于频域指数低通滤波对各层分解系数进行修正，将缺陷图像的低频系数与无缺陷模板的高频系数进行重构，建立缺陷增强图像；采用阈值分割法获取缺陷二值图像，并提取缺陷边缘信息，实现氮化硅轴承表面缺陷检测。

　　③搭建氮化硅轴承机器视觉显著性缺陷无损检测系统，采集氮化硅轴承表面图像，制备氮化硅轴承缺陷语义分割数据集。根据氮化硅轴承自身物理属性及立体几何特点，设计氮化硅轴承机器视觉表面缺陷无损检测系统方案，根据该方案搭建实验平台，使用该实验平台进行氮化硅轴承圆柱滚子表面图像的采集。用采集的表面图像制作氮化硅轴承缺陷语义分割数据集，再对数据集进行数据增广，完成对数据集的扩充。研究 U-Net 语义分割网络、Deeplabv3＋语义分割网络的网络结构，以及运用该网络对氮化硅轴承

缺陷进行区域分割时出现的问题，为后续优化与创新识别氮化硅轴承缺陷的语义分割网络奠定前期基础。针对氮化硅轴承圆柱滚子表面的显著性缺陷分割问题提出一种新型嵌入多尺度特征融合模块的 D-A-IU-Net 语义分割网络。为进一步提高语义分割网络在氮化硅轴承缺陷分割过程对缺陷边缘细节信息的分割精度，并且降低语义分割网络参数量，提升分割效率。提出一种新型嵌入多尺度特征融合模块的 D-A-IU-Net 语义分割网络，该语义分割网络具备两种语义分割网络的编码—解码的结构，同时，具备多层缺陷特征的感知能力。

④分析了氮化硅轴承缺陷检测与分类过程，建立氮化硅轴承缺陷图像多维度预处理模型、图像变换矩阵方程、图像分割函数和图像分类方法，阐述卷积神经网络、Two-stage 和 One-stage 网络检测模型，构建了图像处理与深度学习的氮化硅轴承缺陷检测与分类方法的多维度算法模型。基于平稳小波指数低通滤波和非线性变换增强的图像增强程序设计，提出了一种基于平稳小波变换的氮化硅轴承缺陷图像多尺度分解增强算法。平稳小波变换采用多尺度分解方法，不需要任何上下采样过程，变换后的平稳小波变换数据不减少，有助于保留更多的信息。能够有效削弱背景噪声和表面磨削纹理，增强了缺陷与背景的对比度。

⑤针对图像处理技术存在工作量大、检测效率低的问题，结合深度学习方法对氮化硅轴承缺陷特征进行分析，提出了一种基于重构 Faster R-CNN 算法模型实现氮化硅轴承缺陷图像检测与分类方法。通过离线和在线增强的图像增强方式进行数据预处理操作，以获得额外的氮化硅轴承缺陷图像数据。使用 ResNet-50 预训练模型提取图像特征，输出卷积特征图上滑动窗口提取区域建议；采用随机梯度下降优化器并结合冻结与解冻方法对重构 Faster R-CNN 算法模型进行系统训练并改进模型参数。对氮化硅轴承缺陷进行检测，分析氮化硅轴承缺陷检测与分类的检测效率与分类精度。针对 Faster R-CNN 存在的运算速度慢的缺点，为进一步提高氮化硅轴承缺陷的检测效率与分类精度，提出一种基于重组 YOLOv5 算法结构完成氮化硅轴承缺陷检测与分类方法。通过将氮化硅轴承缺陷图像进行离线增强，扩充氮化硅轴承缺陷图像数据。在 YOLOv5 算法体系对 Backbone 结构引入 CoordAtt 轻量化注意力机制，并在 Neck 部分构建加权双向融合 BiFPN 网络结构和 CBAM 轻量化注意力机制进行模型结构重组；结合马赛克数据增强策略优化参数，采用 Adam 优化器优化 YOLOv5 算法进行复杂系统训练。利用该算法对氮化硅轴承缺陷进行检测，分析氮化硅轴承缺陷的检测效率与分类精度。

1.3.2 课题研究意义

氮化硅轴承具有耐高压蠕变能力强、耐热膨胀系数小、耐电绝缘性能高、抗氧化性、抗熔融金属腐蚀性、抗酸碱盐腐蚀性、耐高温、耐磨损、超自润滑性等良好的机械性能，愈发广泛地应用于航空航天等高精尖领域。但由于氮化硅陶瓷固有的脆性，导致氮化硅轴承在制备过程中不可避免地出现表面缺陷，这些表面缺陷在制备过程逐步形成并扩展，并在轴承运行中进一步扩大，是导致氮化硅轴承早期失效的主要原因，严重影响氮化硅轴承的使用寿命及运行的稳定性及安全可靠性。为保证氮化硅轴承运行的可靠性，必须对其表面质量进行检测。针对人工检测法、荧光渗透检测法、超声波检测法等存在的不足，采用机器视觉的方法对氮化硅轴承表面质量进行检测。

图像处理与深度学习技术具有覆盖范围广、适应力强、可移植性好等突出优点，现已广泛应用于各类缺陷检测当中。针对氮化硅轴承图像中存在的缺陷小难以分辨及检测效率低等问题，主要研究基于图像处理与深度学习的氮化硅轴承缺陷检测与分类技术，提出合适的解决方案，从而提高氮化硅轴承缺陷检测与分类的准确率。通过分析氮化硅轴承的图像特征及数据集，提出了基于图像处理与深度学习的氮化硅轴承缺陷图像检测与分类方法。为进一步提高氮化硅轴承缺陷图像检测效率与分类精度，实现高精度、全覆盖的无损检测，对氮化硅轴承制造工艺优化和全面推广具有一定的理论指导意义。本课题既具有理论研究意义，又具有实际应用价值，具有一定的经济效益和社会效益。

第 2 章　语义分割网络识别氮化硅轴承显著性缺陷的理论基础

2.1　图像语义分割概述

图像语义分割（Semantic Segmentation）作为图像处理技术中关于图像理解的重要环节之一，是 AI 领域的重要分支，图像语义分割即是对图像中每一个像素点配置语义分割标签，并对其进行分类，进而对图像进行区域划分。与图像分类不同的是，图像语义分割的本质是图像分割，是需要对图像中的每个像素点的类别进行判断，进行精确分割。顾名思义，图像语义分割是基于图像分割的基础，依据图像本身的场景和纹理，获取图像输出的信息，包括图像中某个区域的类别、所要表达的场景等。随着机器学习和人工智能领域的飞速发展，将深度学习运用到图像分割领域已成为当下热门的研究方向，再次发展期间，科研人员提出了一系列图像语义分割的方法，其研究方向主要包括基于区域的图像语义分割、基于卷积神经网络的图像语义分割。

2.1.1　基于区域的图像语义分割

基于区域的图像语义分割对图像分割方法有了更高的要求：其一，需要对目标区域的边缘轮廓进行精准的分割；其二，对分割区域的类别进行精准的判断。该类方法的过程示意图如图 2-1 所示。

图 2-1　基于区域的图像语义分割过程示意图

由图 2-1 可知，基于区域的图像语义分割方法的流程主要包括区域分割及区域特征提取两部分。在区域分割过程中，基于区域的图像语义分割方法通常采用图像处理技术中传统的图像分割技术将输入图像划分为多处待识别的区域，常用来进行区域分割的方法有区域生长法、超像素分割、图割法等。将输入图像进行区域分割后，对分割区域进行特征提取，主要依据图像分割区域的纹理、形状、颜色及空间位置关系等描述分割区域特征。通常采用颜色直方图、灰度共生矩阵、小波变换、剪切波变换及马尔科夫随机场等算法进行区域特征的提取。分割区域分类是利用提取到的分割区域特征对每个分割区域进行分类判别，一般采用机器学习的方法进行分割区域的分类。

基于区域的图像语义分割虽然拥有很多算法基础，但是仍旧存在许多问题，例如，算法流程繁杂、目标区域的语义能力表示不足、准确率低等问题。

2.1.2　基于卷积神经网络的图像语义分割

基于卷积神经网络的图像语义分割主要是通过神经网络完成对输入图像的区域分割，即利用神经网络完成对图像的像素级别的分类，从而使输出图像为具有语义信息的语义分割图像。基于卷积神经网络的图像语义分割方法流程图如图 2-2 所示。

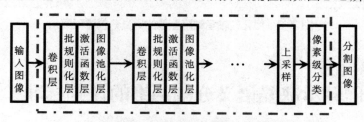

图 2-2　基于卷积神经网络的图像语义分割方法流程图

对比于 2.1.1 的基于区域的图像语义分割，基于卷积神经网络的图像语义分割去除了复杂烦琐的图像区域分割、区域特征提取、分割区域分类等步骤，直接将图像通过卷积神经网络进行像素级别的分类识别，故基于卷积神经网络的图像语义分割在算法原理上更加简洁、准确率更高。虽然当下的图像语义分割方法的主流是卷积神经网络，但其仍存在许多难点和问题，首先基于卷积神经网络的图像语义分割方法模型复杂，计算量大；其次，小目标的语义分割，该方法难以达到较好的语义分割效果。为此，在本课题中重点研究了卷积网络的轻量化以及对氮化硅轴承圆柱滚子表面的微小缺陷进行语义分割的深入探讨与研究。

2.2　氮化硅轴承缺陷图像的语义分割目标

氮化硅轴承缺陷图像的图像分割是将图像划分为缺陷区域与图像背景区域，主要通过自底向上的方式实现，而氮化硅轴承缺陷图像的语义分割则是将图像中的每个像素点进行类别划分，划分为具有语义信息的具体类别，往往通过自顶向下的方式实现。

氮化硅轴承缺陷图像的语义分割终极目标为通过自顶向下的卷积神经网络模型，使输入模型的氮化硅轴承缺陷图像中的每个像素点都能够被准确预测出一个语义分割标签，其过程如图 2-3 所示，其中分割图像中的每一种颜色代表一个对应缺陷的类别。

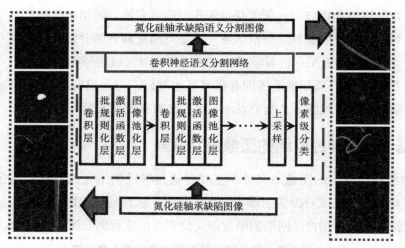

图2-3　氮化硅轴承缺陷图像的语义分割流程图

2.3　氮化硅轴承缺陷语义分割网络的评判标准

评判指标作为衡量氮化硅轴承缺陷语义分割网络对氮化硅轴承表面的缺陷区域分割是否有效的数值依据，本课题采用单张图像预测执行时间（Prediction Time for a Single Image，SIPT）、氮化硅轴承缺陷图像分割准确度（Accuracy）构成的氮化硅轴承缺陷语义分割网络的评判标准对此课题设计的语义分割网络进行评估。SIPT 亦称为运行时间、运行速度，可在氮化硅轴承缺陷分割的实际应用场景中判断构建的语义分割网络的性能；具有一定灵活性的图像分割准确度，作为语义分割网络最重要的评判指标，以下会进行详细介绍。

图像分割准确度亦被称为图像分割精度，主要含有像素精度（Pixel Accuracy，PA）、平均像素精度（mean Pixel Accuracy，mPA）、语义分割平均交并比（mean Intersection over Union，mIoU）等数据评估指标。若要计算上述氮化硅轴承缺陷图像语义分割的分割准确度，首先需要计算提出的语义分割网络针对此类实际应用场景，即提出的氮化硅轴承缺陷语义分割网络混淆矩阵。

所谓混淆矩阵是指统计氮化硅轴承缺陷图像语义分割网络对其显著性缺陷的分类结果。如表2-1所示为氮化硅轴承缺陷的混淆矩阵。

表2-1　氮化硅轴承缺陷的混淆矩阵

混淆矩阵		预测值			
		缺陷类别1	缺陷类别2	缺陷类别3	缺陷类别4
真实值	缺陷类别1	a	b	c	d

续表

混淆矩阵		预测值			
		缺陷类别 1	缺陷类别 2	缺陷类别 3	缺陷类别 4
真实值	缺陷类别 2	e	f	g	h
	缺陷类别 3	i	g	k	l
	缺陷类别 4	m	n	o	p

表 2-1 中氮化硅轴承缺陷测试集缺陷真实值与预测值相同的样本数量为 $a+f+k+p$，样本总量为 $a+b+c+d+e+\cdots+o+p$。

识别氮化硅轴承缺陷的语义分割网络的像素精度（PA）：在氮化硅轴承缺陷图像语义分割领域，缺陷区域被标记的正确像素点占缺陷图像总像素的百分比，称为氮化硅轴承缺陷的像素精度，具体计算如式（2-1）（依据表 2-1 混淆矩阵计算）、式（2-2）。

$$PA = \frac{a+f+k+p}{a+b+c+d+e+f+g+h+i+j+k+l+m+n+o+p} \tag{2-1}$$

将式（2-1）进行泛化后可得式（2-2），即：

$$PA = \frac{\sum_{i=0}^{K} P_{ii}}{\sum_{i=0}^{K}\sum_{j=0}^{K} P_{ij}} \tag{2-2}$$

识别氮化硅轴承缺陷的语义分割网络的平均像素精度（mPA）：氮化硅轴承圆柱滚子表面的每种缺陷类别内被正确分类像素数的比例，之后求取氮化硅轴承圆柱滚子表面所有缺陷类别的平均占比。mPA 的计算表达式见式（2-3）（依据表 2-1 混淆矩阵计算）、式（2-4）。

$$mPA = \frac{\dfrac{a+f+k+p}{a+e+i+m} + \dfrac{a+f+k+p}{b+f+g+n} + \dfrac{a+f+k+p}{c+g+k+o} + \dfrac{a+f+k+p}{d+h+l+p}}{K+1} \tag{2-3}$$

对式（2-3）进行泛化后，可得式（2-4），即：

$$mPA = \frac{1}{K+1}\sum_{i=0}^{K}\frac{P_{ii}}{\sum_{j=0}^{K} P_i} \tag{2-4}$$

针对氮化硅轴承缺陷图像的语义分割网络的平均交并比（mIoU）：作为图像语义分割领域中，图像分割问题的标准评判数据指标，其计算首先需要计算氮化硅轴承缺陷数据集中每类缺陷的交并比（Intersection over Union, IoU），之后求和再取平均值，计算公式如式（2-5）：

$$mIoU = \frac{1}{K+1}\sum_{i=0}^{K}\frac{P_{ii}}{\sum_{j=0}^{K}P_{ij}+\sum_{j=0}^{K}P_{ji}-P_{ii}} \tag{2-5}$$

式（2-1）至式（2-5）中，P_{ii} 表示分类正确的缺陷像素数量，P_{ij}、P_{ji} 依次代表假正样本像素数量、假负样本像素数量，K 象征氮化硅轴承缺陷的类别，$K+1$ 意味着类别个数（氮化硅轴承圆柱滚子表面图像的背景区域亦为 1 类，故语义分割标签的总类别为 $K+1$）。

2.4　语义分割网络识别氮化硅轴承显著性缺陷的实现方式

若想通过卷积神经网络实现对氮化硅轴承缺陷图像的语义分割，通常会考虑以下 4 个方面：①通过运用卷积神经网络构建适用于氮化硅轴承缺陷分割的实际应用场景的语义分割网络；②准备用于构建好的语义分割网络的训练数据，并将其转化为对应的数据格式，创建氮化硅轴承缺陷图像数据集；③设计适用于实际应用场景的损失函数，用其计算构建的语义分割网络损失；④通过损失对梯度进行计算，根据得到的梯度对语义分割网络进行参数更新。以下将通过此 4 个方向进行阐述。

作为一种前馈神经网络的卷积神经网络，其本身神经元不同于全连接神经网络中的"全连接"操作，可以对感兴趣区域内的周围单元实现全覆盖；另外，卷积神经网络的结构特点克服了全连接神经网络参数量大、像素间的位置关系未利用及网络层次受限制等问题，拥有局部连接、下采样以及权值共享等优点。这使基于卷积神经网络的图像语义分割网络能够被广泛应用于大规模的图形图像处理领域。如图 2-4 所示，为卷积神经网络的基本结构图。

在图 2-4 中，卷积神经网络由输入层、卷积层、非线性激活函数、图像池化层、全连接层 5 个基本组成部分构成，分别承担输入缺陷图像、缺陷特征提取、增加非线性拟合、降低缺陷特征维数、缺陷特征分类的功能。

用于语义分割的全卷积神经网络（Fully Convolutional Networks for Semantic Segmentation, FCN），作为首次用卷积神经网络为基础的网络实现图像语义分割的网络框架，其主要网络结构亦是由图 2-4 中卷积神经网络的基本构成部分构建。输入层输入氮化硅轴承缺陷图像，经过一系列的卷积层、图像池化层的操作实现氮化硅轴承缺陷图像的缺陷特征提取、融合以及降低缺陷特征图的维数；最终缺陷特征图通过卷积操作实现氮化硅轴承缺陷图像的像素分类，完成识别氮化硅轴承缺陷的检测任务。此外，在 FCN 网络结构的基础上衍生出的一系列改进 FCN 语义分割网络，利用非线性激活函数为语义分割网络提供非线性拟合能力。

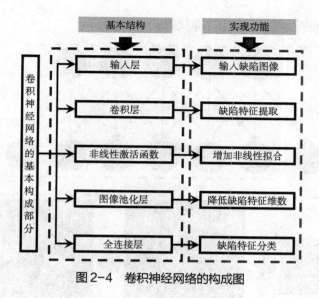

图 2-4　卷积神经网络的构成图

2.4.1　识别氮化硅轴承缺陷的语义分割网络的构建方法

（1）识别氮化硅轴承缺陷语义分割网络的卷积层

作为卷积神经网络核心结构的卷积层，其主要作用是对输入的数据进行特征提取。在氮化硅轴承缺陷检测的语义分割网络，其功能则为提取氮化硅轴承缺陷的特征。从数学讲，卷积是一种运算，其连续卷积定义式见式（2-6）：

$$(x*w)(t) = \int_{-\infty}^{+\infty} f(\tau)g(t-\tau)\mathrm{d}\tau \tag{2-6}$$

其中，$(x*w)(t)$ 为 x 和 w 的卷积，若将一幅氮化硅轴承缺陷图像 x 作为输入，使用一个二维的卷积核 w，则有图像卷积的离散定义式，如式（2-7）：

$$(x*w)(i,j) = \sum_m \sum_n x(m,n)w(i-m, j-n) \tag{2-7}$$

由式（2-7）可以看出，一个卷积操作包括两个输入，如式（2-7）中的氮化硅轴承缺陷图像 x，二维的卷积核 w。

在数字图像处理领域，卷积神经网络中卷积层的核心功能往往运用函数运算来实现，其具有参数共享和局部感知的特点，常被利用提取显著性缺陷图像特征或局部映射。

所谓局部感知是指某一层的神经元与下层与其相邻的神经元的局部连接，构成局部连接网络，如图 2-5（a）所示，此种连接方式减少了网络中各个层之间的连接数量。卷积层的权值共享，是指用卷积核遍历卷积整张输入图像，卷积核中的数值被称作权重，此时，输入图像的每个位置的像素点都会被同一个卷积核进行遍历，故卷积时所用的权重是一致的。权值共享的本质就是对同一张输入图像使用同一个卷积核内的数值，此举将大幅减少网络训练参数，其还可以实现并行训练，如图 2-5（b）所示，使用同一卷积

21

核对氮化硅轴承缺陷图像进行遍历，即权值共享过程。

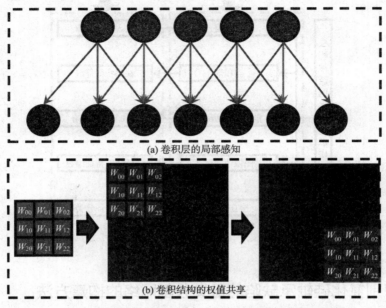

(a) 卷积层的局部感知

(b) 卷积结构的权值共享

图 2-5　氮化硅轴承缺陷语义分割网络的卷积结构示意图

（2）氮化硅轴承缺陷语义分割网络的非线性激活函数

由于卷积操作一般采用函数运算实现，故输入图像经过卷积层后的输出往往为线性输出，随着网络层数增加，此举不能使卷积神经网络还具一定的拟合能力。非线性函数可以解决卷积层线性输出的局限性，为卷积神经网络提高一定的非线性拟合能力，故卷积神经网络的卷积层之后往往紧跟非线性表达，即非线性激活函数，以此改善卷积神经网络的拟合性能。以下为神经网络常用激活函数：Sigmoid 函数、Tanh 函数、ReLU 函数、Maxout 函数等。

① Sigmoid 激活函数。Sigmoid 激活函数，作为早期的神经网络和深度学习网络使用频率最高的激活函数，能够使其输出值在输入值取任意值的情况下，始终保持取值范围在 0~1。其函数表达式为式（2-8），其导数表达式为式（2-9），其示意图如图 2-6（a）所示。

$$f(\delta) = \frac{1}{1 + e^{-\delta}} \tag{2-8}$$

$$\frac{\delta f(\delta)}{\delta \delta} = \frac{-1}{1 + e^{-\delta}} \times e^{-\delta} = f(\delta)\left[1 - f(\delta)\right] \tag{2-9}$$

由于 Sigmoid 函数取值区间为 0~1，由式（2-9）得，其梯度取值范围亦为 0~1。虽然 Sigmoid 激活函数具有非常好的解释性，但是其存在两个非常大的缺陷：一是 Sigmoid 激活函数两端为饱和区，饱和区内梯度接近于 0，会出现梯度消失现象，若神经网络的神经元初始化进入 Sigmoid 激活函数的饱和区，则其将难以继续优化；同时，因为链式法则的缘故，出现连乘的 Sigmoid 激活函数的导数会越来越小，导致其梯度难以回传，降低神经网络的收敛速度，致使神经网络无法实时更新。二是 Sigmoid 激活函数的函数输出值并不是以 0 为中心，且始终大于 0，导致神经网络无法实时更新。

　　② Tanh 激活函数。Tanh 激活函数是一种双曲正切函数，解决了 Sigmoid 激活函数的函数输出值并不是以 0 为中心的问题，其函数表达式如式（2-10）所示，函数示意图如图 2-6（b）所示。但是，Tanh 激活函数依旧未能解决梯度难以回传的问题。

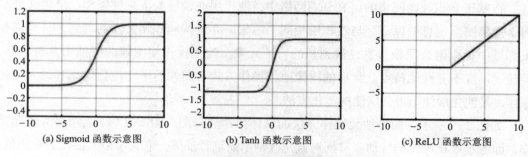

(a) Sigmoid 函数示意图　　　(b) Tanh 函数示意图　　　(c) ReLU 函数示意图

图 2-6　语义分割网络常见的激活函数示意图

$$f(\delta) = \frac{e^{\delta} - e^{-\delta}}{e^{\delta} + e^{-\delta}} = \frac{1 - e^{-2\delta}}{1 + e^{-2\delta}} \tag{2-10}$$

　　③ ReLU 激活函数。ReLU 激活函数本质是取最大值函数，被称为线性整流函数，其非全区间可导，当 $\delta > 0$ 时，梯度为 1；反之，梯度为 0。ReLU 激活函数的表达式如式（2-11）所示，其示意图如图 2-6（c）所示。

$$f(\delta) = \max\{0, \delta\} \tag{2-11}$$

　　ReLU 激活函数在 $\delta > 0$ 时，解决了神经网络的梯度消失问题，此时神经网络能够在不牵涉复杂的指数运算便可及时更新。此外，ReLU 激活函数凭借性能好、收敛速度快的优势，成为目前计算机视觉领域中使用次数最为频繁的激活函数，该函数具有以下优点：在输入值的正区间内，解决梯度消失现象；计算速度快，效率高；较 Sigmoid 激活函数，使函数拥有更加快速的收敛效果。

　　④ Maxout 激活函数。Maxout 激活函数，即最大值函数，顾名思义在输入值取最大值作为函数输出值，该函数求导简单，仅在最大值的一路有梯度，其函数表达式见式（2-12）。

$$f(\delta) = \max(w_1^{\mathrm{T}}\delta + b_1, w_2^{\mathrm{T}}\delta + b_2, w_3^{\mathrm{T}}\delta + b_3, \cdots, w_n^{\mathrm{T}}\delta + b_n) \tag{2-12}$$

　　Maxout 激活函数具备 ReLU 激活函数优点，同时，还克服了 ReLU 激活函数的缺点。此外，Maxout 激活函数的拟合性能非常强悍可以拟合任意的凸函数，实践表明，在深度学习网络中，其与 Dropout 组合使用可以发挥更好的效果。

对神将网络的非线性激活函数的研究，未来主要集中在以下几个方向进行探讨：第一，在输入值的负区间领域内，对 ReLU 激活函数进行研究；第二，研究使用不同非线性激活函数对不同的网络层、不同的通道的影响；第三，对简单的激活函数进行组合使用。

即使随着深度学习的日益发展，诸多优于 ReLU 激活函数的新非线性激活函数出现，但 ReLU 激活函数依旧是最通用的，本课题中，就选择以 ReLU 激活函数为主。

（3）识别氮化硅轴承缺陷的语义分割网络的池化层

在基于卷积神经网络的语义分割网络中，池化层亦被称为下采样操作，是语义分割网络抽象图像信息的保证。与卷积层相同，池化层亦秉持局部相关性的理念，从局部相关邻域中提取融合图像信息，得到新的特征元素。池化操作使图像的特征图具有平移、旋转、尺度不变性的特点。常见的图像池化操作方式有图像的平均池化操作和最大池化操作，是池化层使用最为广泛的池化方法。

如图 2-7 所示为两种池化操作方法的具体操作流程图。图 2-7（a）表示最大池化操作，即通过池化操作的滑动窗口框选氮化硅轴承缺陷特征图，取其中最大值作为输出值；图 2-7（b）表示平均池化操作，对氮化硅轴承缺陷特征图被池化操作的滑动窗口框选的部分求和再取平均值，将平均值作为最终的输出结果。

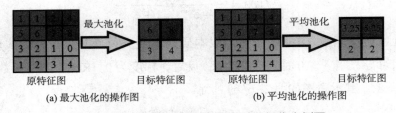

(a) 最大池化的操作图　　　　　　　(b) 平均池化的操作图

图 2-7　语义分割网络池化层的池化操作实例图

池化层可以看作是语义分割网络提取图像核心特征的方式，在池化过程中，语义分割网络不仅实现对氮化硅轴承缺陷图像的数据压缩，还极度减少了参与语义分割网模型计算的参数量，在一定程度上提升了运算效率。池化层也需要为池化操作定义一个类似于卷积操作中卷积核的滑动窗口，该滑动窗口本身不具备参数，其深度与特征图的深度保持一致，通过池化层后，输出的语义分割特征图的宽度和高度的具体计算公式如式（2-13）所示。

$$W_{\text{out}} = \frac{W_{\text{in}} - W_f}{S} + 1$$
$$H_{\text{out}} = \frac{H_{\text{in}} - H_f}{S} + 1$$

$$(2-13)$$

式中，W、H 分别代表特征图的宽和高，下标 in、out 分别象征输入的氮化硅轴承缺陷特征图的相关参数、输出的氮化硅轴承缺陷特征图的相关参数；下标 f 意味着与池化操作滑动窗口相关的参数，S 表示滑动窗口的步长。

2.4.2　识别氮化硅轴承显著性缺陷的语义分割网络的训练模型

（1）识别氮化硅轴承显著性缺陷的语义分割网络的训练损失函数

针对氮化硅轴承缺陷检测的语义分割网络的损失函数，作为用于对氮化硅轴承缺陷预测结果与其语义分割标签数据计算相似性的一个函数。一般而言，基于卷积神经网络搭建语义分割网络的过程可以被看作是一个正反馈过程，输入的氮化硅轴承缺陷图像为输入信号，语义分割网络可被视为传递函数，预测结果可被视为输出信号。在损失函数的正反馈过程中，存在因为参数设计、网络深度造成的一系列误差，该过程被称为语义分割网络参数的调节。预测结果与标签数据越相近，则根据损失函数计算出的数值结果越小。常见的语义分割网络损失函数有均方误差函数（Mean Square Error, MSE）、均方根误差函数（Root Mean Square Error, RMSE）、平均绝对值误差函数（Mean Absolute Error, MAE）、交叉熵误差函数（Cross Entropy Error）等。其中交叉熵误差在图像分类领域中表现突出，并且语义分割任务其本质是像素级别的图像分类任务，故以交叉熵误差损失函数为本课题损失函数的研究对象。具体表达式如式（2-14）至式（2-17）所示。

均方误差函数表达式：

$$MSE = \frac{1}{N}\sum_{i=1}^{N}\left[f_T^i(\delta) - f_P^i(\delta)\right]^2 \tag{2-14}$$

均方根误差函数表达式：

$$RMSE = \sqrt{\frac{1}{N}\sum_{i=1}^{N}\left[f_T^i(\delta) - f_P^i(\delta)\right]^2} \tag{2-15}$$

平均绝对值误差函数表达式：

$$MAE = \frac{1}{N}\sum_{i=1}^{N}\left|f_T^i(\delta) - f_P^i(\delta)\right| \tag{2-16}$$

交叉熵误差函数表达式：

$$L = \frac{1}{N}\sum_{i}\sum_{c=1}^{M} f_{Tc}^i(\delta)\log\left[P_{Tc}(\delta)\right] \tag{2-17}$$

（2）氮化硅轴承显著性缺陷语义分割网络的训练步骤

① 氮化硅轴承缺陷语义分割网络的参数更新。在卷积神经网络中，误差反向误差传播（Backward Propagation, BP）具有非收敛速度慢、极易局部极小化等缺点，卷积神经网络逐渐增加的模型复杂度、庞大的参数量的最优化训练受到极大限制。针对 BP 法的缺点，科研人员提出新的优化方法，即梯度下降法。作为语义分割网络中必需的最优化方法，按照训练周期使用的数据不同划分为批量梯度下降（Batch Gradient Descent, BGD）、

随机梯度下降（Stochastic Gradient Decent, SGD）、小批量梯度下降（Min-Batch Gradient Descent, MBGD）三种类型。

BGD 梯度下降，即用所有氮化硅轴承缺陷图像训练样本计算氮化硅轴承缺陷语义分割网络的梯度，此法，梯度计算稳定，能求得全局最优解，但计算速度缓慢；SGD 梯度下降法，顾名思义，每次仅取一个氮化硅轴承缺陷图像训练样本进行梯度的运算，存在梯度计算不稳定、容易振荡的问题，但整体趋近于全局最优解；所谓 MBGD 梯度下降法，即从训练样本中选出一部分参与迭代，进行梯度计算，该法具有降低训练的杂乱程度、保证训练速度的优点。

根据识别氮化硅轴承缺陷图像的语义分割网络不同参数量，上述三种用于网络参数更新的梯度下降法均会面对氮化硅轴承缺陷图像数据的预处理、语义分割网络参数初始化、选择适宜的学习率、梯度方向优化这 4 类图像数据的处理问题，而这些图像数据的处理与语义分割网络的正常运行有着密不可分的联系。首先，训练过程中，学习率的大小影响网络的稳定性，故对其的选择较为关键；另外，学习率衰减决定学习率的大小，常用学习率衰减方法有：（Adaptive Gradient, AdaGrad）、（Root Mean Square prop, RMSprop）、AdaDelta 等。其次，梯度方向的优化可以有效地加速网络的优化速度，常用主要方法有：动量法、加速梯度（Nesterov Accelerated Gradient, NAG）、自适应动量估计（Adaptive Moment Estimation, Adam）方法等，其中，Adam 方法被视为是动量法和 RMSprop 的结合，在使用动量作为参数更新方向的同时还能自适应调整学习率，故本课题的氮化硅轴承缺陷语义分割网络中以使用 Adam 方法为主。

② 语义分割网络的训练步骤。图像语义分割模型的训练往往从 6 个方向开展：第一，氮化硅轴承缺陷图像数据集的制备：语义分割网络在进行训练前，合适的氮化硅轴承缺陷图像数据集输入是极为关键的，按照具体的实验环境将数据集中的图像转换成需要的格式，一般数据集由 RGB 彩色图像和标记的语义分割标签图像构成。第二，氮化硅轴承缺陷的语义分割网络训练：基于卷积神经网络搭建的氮化硅轴承缺陷的语义分割网络进行训练，此过程中卷积神经网络进行图像中的缺陷特征提取、缺陷特征融合、缺陷像素分类。第三，语义分割网络的损失函数：分割结果与标签之间的差异需使用损失函数计算，进一步评估语义分割网络。第四，语义分割网络的参数更新：利用梯度反向传播方法优化参数，实现语义分割网络在训练过程中的参数更新。第五，完成语义分割网络的图像语义分割训练，得到训练完成的语义分割网络。第六，获取氮化硅轴承表面的显著性缺陷图像的预测分割结果。

第 3 章　氮化硅轴承视觉检测系统设计 及其显著性缺陷数据集制备

3.1　氮化硅轴承机器视觉检测系统方案设计

3.1.1　机器视觉检测系统总体方案设计

为获取氮化硅轴承圆柱滚子表面图像数据，根据其物理属性、几何特性以及实验环境特点，设计了一套氮化硅轴承圆柱滚子机器视觉检测系统方案，该系统主要由机械传送模块、光学图像采集模块、机械传送控制模块、上下位机模块组成。氮化硅轴承机器视觉检测系统原理图如图 3-1 所示。

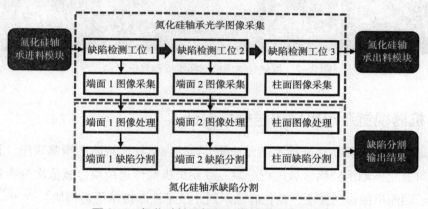

图 3-1　氮化硅轴承机器视觉检测系统原理图

氮化硅轴承机器视觉检测系统的机械传送模块根据氮化硅轴承自身的圆柱几何特点，设计了一套将滚子圆柱侧面展开为平面的双螺杆传送机构，主要由双螺杆、支持平台、齿轮副等机械部件以及步进电动机、电机驱动器等电气部件构成；光学图像采集模块负责采集氮化硅轴承滚子端面图像以及氮化硅轴承滚子柱面图像，该模块由工业面阵相机（作用：拍摄氮化硅轴承滚子端面图像）、工业线阵相机（作用：拍摄氮化硅轴承滚子柱面图像）、Camera Link 采集卡、条形光源、环形光源、碗形光源、光源控制器等组成；光纤传感器、旋转编码器等构成机械传送控制模块，其中，机械传送模块中的双螺杆机构的运动情况由旋转编码器进行检测，光纤传感器则负责氮化硅轴承滚子的定点监测并根据监测数据确定工业线阵相机拍摄氮化硅轴承滚子柱面图像的时间；下位机模块用于传感信号检测、电机运动控制、上下位机模块间的通讯、任务分派等；工控机、显示器、软件等构成上位机模块，其中软件部分主要承担对工业相机的控制、数据库管理、图像处理与分析等任务。

　　该机器视觉检测系统的机械传送模块、光学图像采集模块、机械传送控制模块的搭建如图 3-2 所示。

图 3-2　氮化硅轴承机器视觉检测系统平台

3.1.2　机器视觉系统机械传送模块设计

　　本课题采取先检测氮化硅轴承端面缺陷，再检测其柱面缺陷的检测顺序，利用上述设计方案对氮化硅轴承缺陷区域进行分割。故系统机械传送模块也被依次分为氮化硅轴承圆柱滚子端面机械传送模块、氮化硅轴承圆柱滚子柱面机械传送模块。

　　(1)氮化硅轴承圆柱滚子端面机械传送模块设计

　　机械传送模块作为氮化硅轴承圆柱滚子机器视觉检测系统平台的执行模块，亦是该平台检测氮化硅轴承圆柱滚子外观质量的一个决定性因素，如何平稳高效地传送氮化硅轴承圆柱滚子成为氮化硅轴承圆柱滚子端面机械传送模块的首要任务。针对氮化硅轴承圆柱滚子需要检测的两个端面，设计一种同步检测的流水线传送模块，如图 3-3 所示。该端面机械传送模块由工件定位卡槽、带轮、同步传送带等机械部件以及电机驱动器、步进电动机等电气部件用于在工业面阵相机采集氮化硅轴承圆柱滚子端面图像的同时实现氮化硅轴承圆柱滚子的传送。

图 3-3　氮化硅轴承圆柱滚子端面机械传送模块

（2）氮化硅轴承圆柱滚子柱面机械传送模块设计

为采集氮化硅轴承圆柱滚子柱面的完整图像而不因其柱面曲率使采集的图像产生畸变，故氮化硅轴承圆柱滚子需要被进行展开扫描，根据机械原理与机械设计理论的知识，最终设计双螺杆机构与工业线阵相机搭配的方案采集氮化硅轴承圆柱滚子柱面图像，如图 3-4 所示。

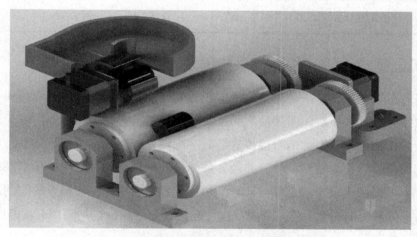

图 3-4　氮化硅轴承圆柱滚子柱面机械传送模块

采集氮化硅轴承圆柱滚子柱面的机械传送模块由双螺杆机构、步进电动机及其驱动、齿轮副构成，齿轮副的太阳轮与步进电动机的电机轴采用固定连接，两侧行星轮分别与对应的螺杆固连，齿轮副的太阳轮在步进电动机的带动下，使得行星轮带动双螺杆沿同一方向转动，同时，因为滚动摩擦力的缘故，由下料模块输送到双螺杆机构上的氮化硅轴承圆柱滚子也会做旋转运动。因为氮化硅轴承圆柱滚子会与双螺杆机构直接接触，所以在双螺杆的选材方面有着严格要求：

① 机械传送模块在传送氮化硅轴承圆柱滚子过程中不能对其造成二次损伤，这就要

求双螺杆表面相对而言比较柔软；

②为保证氮化硅轴承圆柱滚子在双螺杆机构上做匀速滚动，氮化硅轴承圆柱滚子与双螺杆表面之间要能够产生足够的滚动摩擦力，避免打滑现象出现；

③制作双螺杆的材料要有强大的耐磨性，长期使用不会使双螺杆发生变形；

④设计制作的双螺杆机构应强度高、柔韧性强且具备良好的抗疲劳性。

作为双螺杆机构传动源的步进电动机，在很大程度上其转动精度及稳定性会决定氮化硅轴承圆柱滚子柱面图像采集的质量，进而影像整个氮化硅轴承圆柱滚子机器视觉检测系统的性能与稳定性，步进电动机的转动速度大小决定整个机械传送模块的传送效率。基于上述氮化硅轴承圆柱滚子对机械传送模块的要求，故采用尼龙材料制作双螺杆，步进电动机选用日本公司本 ORIENTAL MOTOR 的 PK543AW-T7.2 5-Phase 步进电动机，相关数据参数如表 3-1 所示。

表 3-1　PK543AW-T7.2 5-Phase 步进电动机相关数据参数表

步进电动机基本参数						
速度	减速比	步距角	容许转矩	额定电流	输入电压	输入电流
0~250r/min	7.2	0.1°	0.7N·m	0.75A/Phase	DC24	1.4A

3.1.3　机器视觉系统光学图像采集模块硬件选型

按照各部分功能来讲，一个完整的机器视觉光学图像采集模块由光源模块、图像捕捉模块、数字图像处理模块、图像数字化模块等构成。工业相机将待测的氮化硅轴承圆柱滚子转变为图像信号，图像信号被传送给数字图像处理模块，数字图像处理模块将氮化硅轴承图像信号转换为数字信号，并经各种图像处理算法计算氮化硅轴承圆柱滚子的缺陷特征，再根据预先设定的条件与计算结果作比较，实现氮化硅轴承缺陷的缺陷区域分割。机器视觉系统的光学图像采集模块按照硬件划分主要包含光源、工业相机、镜头、图像采集卡、处理器。

（1）氮化硅轴承端面图像采集模块硬件

工业相机在氮化硅轴承机器视觉检测系统中的主要作用是将图像传感器捕捉到的氮化硅轴承图像传送到可以存储、分析及显示的图像处理器中。为捕获氮化硅轴承端面图像，本课题采用强光图像的 UD115W 型环形光源［图 3-5（a）］，配套大恒图像的MER2-204-30GC-P-L-F02 型智能面阵相机［图 3-5（b）］，大恒光电公司的 GCO-232104型远心成像镜头［图 3-5（c）］，搭建氮化硅轴承端面图像采集模块。

(a) UD115W 型环形光源　　　　(b) MER2-204-30GC-P-L-F02 型　　　(c) GCO-232104 型
　　　　　　　　　　　　　　　　　　智能面阵相机　　　　　　　　　　远心成像镜头

图 3-5　氮化硅轴承端面图像采集模块硬件

（2）氮化硅轴承柱面图像采集模块硬件

本课题的氮化硅轴承机器视觉检测系统中氮化硅轴承柱面图像采集模块由工业线阵相机（Teledyne DALSA 公司的 LA-CM-08K08A 黑白线阵 Camera Link 相机）、镜头（Schneider 公司的 Apo-Componon 4.0/60 型镜头）、Xtium-CLPX4 图像采集卡、环形光源及光源控制器组成，如图 3-6 所示。

(a) LA-CM-08K08A　　　　(b) Apo-Componon　　　(c) UD115W型圆顶形光源　　(d) Xtium-CLPX4
线阵Camera Link相机　　　　4.0/60型镜头　　　　　　　　　　　　　　　　　图像采集卡

图 3-6　氮化硅轴承柱面图像采集模块硬件

（3）氮化硅轴承图像采集模块

氮化硅轴承缺陷的图像采集是一项非常关键的任务，它涉及高分辨率摄像设备和光源的使用，以及对图像数据的处理和分析。在采集过程中，需要保证样品表面的清洁，

(a) Si₃N₄轴承圆柱滚子端面图像采集模块　　　　　(b) Si₃N₄轴承圆柱滚子柱面图像采集模块

图 3-7　氮化硅轴承图像采集模块

同时需要在适当的光照环境下进行氮化硅轴承圆柱滚子表面的图像采集，以确保图像的清晰度和准确性。采集到的图像数据需要经过计算机视觉图像处理算法的处理和分析，以自动化检测其显著性缺陷，并对其进行分类和识别。采用（1）、（2）所选的硬件搭建氮化硅轴承圆柱滚子图像采集模块，图 3-7 所示为氮化硅轴承图像采集模块。氮化硅轴承圆柱滚子在机械传送模块的传送过程，由氮化硅轴承圆柱滚子图像采集模块完成对其端面与柱面图像的采集。

3.2 氮化硅轴承显著性缺陷数据集制备

氮化硅轴承缺陷数据集的制备主要分为三大步骤：氮化硅轴承缺陷图像数据采集、氮化硅轴承缺陷图像数据标注、氮化硅轴承缺陷数据集增广及平衡。语义分割网络数据集的语义分割标签的尺寸应与氮化硅轴承缺陷图像的尺寸保持大小相同，且不同目标区域与不同的像素值对应。

3.2.1 氮化硅轴承显著性缺陷图像数据采集

（1）氮化硅轴承显著性缺陷图像数据采集流程

氮化硅轴承的外表面包括两个端面以及一个柱面，故在氮化硅轴承机器视觉检测系统的方案设计中采用 3 个工位采集、获取氮化硅轴承表面图像，其工位工作原理图见图 3-8。前两个工位为氮化硅轴承的端面图像采集、缺陷区域检测分割工位，最后一个工位是氮化硅轴承的柱面图像采集、缺陷区域检测分割工位。氮化硅轴承图像采集的具

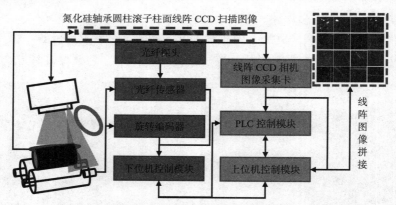

图 3-8　氮化硅轴承滚子柱面图像采集原理示意图

体流程如下：氮化硅轴承圆柱滚子经装料装置进入传送带，传送带将氮化硅轴承运送至工位 1 并触发缺陷检测工位 1 的端面图像采集功能，环形光源照明，MER2-204-30GC-P-L-F02 型智能面阵相机对氮化硅轴承的端面 1 进行图像采集，采样结束氮化硅轴承图像输

送到数字图像处理软件进行图像处理，光源关闭，工位 1 的端面图像采集功能停止。传送带将氮化硅轴承运送至工位 2 以采集氮化硅轴承的端面 2 的图像，工位 2 的步骤与工位 1 的相同，氮化硅轴承端面 2 的图像采集完毕后，传送带将其传送至工位 3，触发工位 3 的氮化硅轴承柱面图像采集功能，使柱面的机械传送模块开始运转，氮化硅轴承滚子柱面图像采集模块开始采集氮化硅轴承柱面图像。

（2）氮化硅轴承显著性缺陷类型

本课题主要针对氮化硅轴承缺陷中的裂纹、凹坑、划伤、磨损 4 类缺陷进行缺陷区域分割与分析，4 类缺陷如图 3-9 所示。

图 3-9（a）为裂纹，图 3-9（b）为凹坑，图 3-9（c）为划痕，图 3-9（d）为磨损。裂纹主要为 Hertz 裂纹，是由于氮化硅轴承在机加工过程中，研磨盘形成钝压头所导致；凹坑则由于机加工过程中，磨粒形成尖锐压头，造成氮化硅轴承次表面的侧向裂纹，侧向裂纹向氮化硅轴承表面扩展形成凹坑；因为机加工过程中不正常的加工压力和未破碎

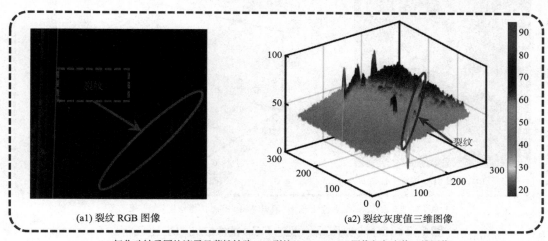

(a1) 裂纹 RGB 图像　　　　　　(a2) 裂纹灰度值三维图像

(a) 氮化硅轴承圆柱滚子显著性缺陷——裂纹 (Crack) RGB 图像与灰度值三维图像

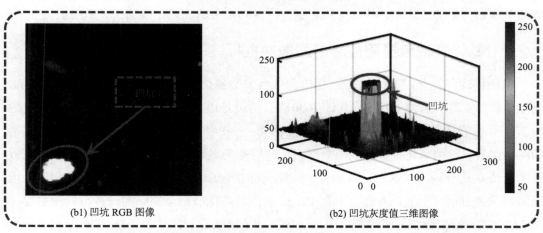

(b1) 凹坑 RGB 图像　　　　　　(b2) 凹坑灰度值三维图像

(b) 氮化硅轴承圆柱滚子显著性缺陷——凹坑 (Pit) RGB 图像与灰度值三维图像

图 3-9

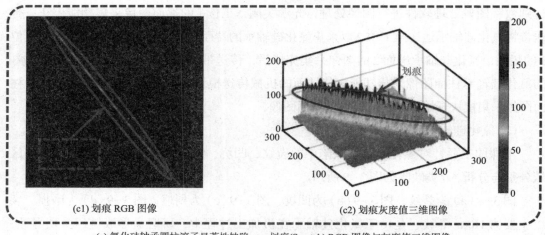

(c1) 划痕 RGB 图像　　　　　　　　(c2) 划痕灰度值三维图像

(c) 氮化硅轴承圆柱滚子显著性缺陷——划痕(Scratch) RGB 图像与灰度值三维图像

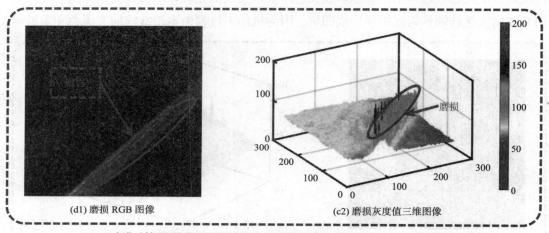

(d1) 磨损 RGB 图像　　　　　　　　(c2) 磨损灰度值三维图像

(d) 氮化硅轴承圆柱滚子显著性缺陷——磨损(Wear) RGB 图像与灰度值三维图像

图 3-9　氮化硅轴承缺陷类型的 RGB 图像与灰度值三维图像

的硬磨粒划伤精加工表面，故而形成划痕，严重的则会造成氮化硅轴承表面磨损。

3.2.2　氮化硅轴承显著性缺陷图像数据标注

　　利用搭建的氮化硅轴承机器视觉检测平台采集氮化硅轴承缺陷图像，裂纹、凹坑、划痕、磨损 4 类缺陷各 400 张，共计 1600 张。为满足语义分割网络对语义分割数据集的要求，本小节基于现有公开的语义分割数据集——PASCAL-VOC2012 语义分割数据集的结构制备自己的氮化硅轴承缺陷数据集。利用基于飞桨（Paddle）深度学习框架的高效智能的交互式分割标注软件——EISeg（Efficient Interactive Segmentation）对氮化硅轴承缺陷图像进行语义标签的标注。利用 EISeg 软件对氮化硅轴承缺陷图像进行标注需要经历 4 步：载入缺陷分割权重模型、添加氮化硅轴承缺陷类别标签、设置 VOC 数据集语义分割标签格式、标注图片。图 3-10 所示为氮化硅轴承缺陷图像标注流程图。

基于深度学习的语义分割其本质与在像素级别实现目标分类的任务是相同的，故氮化硅轴承缺陷的语义分割标签为尺寸大小与其图像尺寸大小一致的灰度图，在语义分割标签灰度图中，氮化硅轴承缺陷像素值与缺陷类别为一一映射关系，本次氮化硅轴承缺陷数据集的缺陷类别语义分割标签共 4 类，分别为 Crack、Pit、Scratch、Wear。EISeg 软件为高效智能的交互式分割标注软件，在添加语义分割标签完成后，可以利用调整分割阈值来进行图像标注。

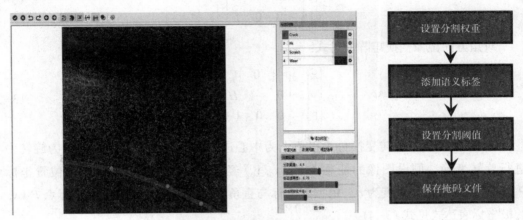

图 3-10　氮化硅轴承缺陷图像标注流程图

3.2.3　氮化硅轴承显著性缺陷数据集增广及平衡

（1）氮化硅轴承显著性缺陷数据集数据增广

基于 EISeg 软件标注的氮化硅轴承缺陷图像的语义分割标签数量有限，若仅仅使用标注完成的氮化硅轴承缺陷图像的语义分割标签图进行语义分割网络的训练，则会造成训练过拟合。为使语义分割网络在有限的氮化硅轴承缺陷图像数据量的情况下依然能够具备一定的模型泛化能力，本课题运用基于氮化硅轴承缺陷数据集增强的方法扩增数据量。对氮化硅轴承缺陷数据采取常见的数据增强方式：几何变换（镜像变换、旋转变换），非几何变换（亮度变换、对比度变换等色彩调整）。

① 镜像变换。镜像变换分为水平方向镜像变换、竖直方向镜像变换、对角方向镜像变换，所谓水平方向镜像变换是指图像 [图像尺寸：高（H）× 宽（W）] 上的任意点 P_0（x_0, y_0），沿 X 方向（水平方向）翻转后到新的坐标点 P（x, y），水平方向镜像变换不改变 Y 方向（竖直方向）坐标；同理，竖直方向镜像变换不改变 X 方向（水平方向）坐标。对角方向镜像变换是图像任意点 P（x_0, y_0），沿对角镜像后到新的位置 P（x, y）。水平方向镜像变换、竖直方向镜像变换、对角方向镜像变换的矩阵表达式如式（3-1）～式（3-3）所示。

水平方向镜像变换矩阵表达式：

$$\begin{bmatrix} x \\ y \\ 1 \end{bmatrix} = \begin{bmatrix} -1 & 0 & W \\ 0 & 1 & 0 \\ 0 & 0 & 1 \end{bmatrix} \begin{bmatrix} x_0 \\ y_0 \\ 1 \end{bmatrix} \tag{3-1}$$

竖直方向镜像变换矩阵表达式：

$$\begin{bmatrix} x \\ y \\ 1 \end{bmatrix} = \begin{bmatrix} 1 & 0 & 0 \\ 0 & -1 & H \\ 0 & 0 & 1 \end{bmatrix} \begin{bmatrix} x_0 \\ y_0 \\ 1 \end{bmatrix} \tag{3-2}$$

对角方向镜像变换矩阵表达式：

$$\begin{bmatrix} x \\ y \\ 1 \end{bmatrix} = \begin{bmatrix} -1 & 0 & W \\ 0 & -1 & H \\ 0 & 0 & 1 \end{bmatrix} \begin{bmatrix} x_0 \\ y_0 \\ 1 \end{bmatrix} \tag{3-3}$$

② 旋转变换。旋转变换分为以原点为中心进行旋转变换以及以指定点为旋转中心进行旋转变换，假设图像的任意点 $P_0(x_0, y_0)$ 经顺时针旋转 β 角度到新的位置坐标点 $P(x, y)$，原始点的角度为 α。根据极坐标与直角坐标的关系，新的位置坐标点 $P(x, y)$ 的极坐标表达式见式（3-4）：

$$\begin{cases} x = x_0\cos\beta + y_0\sin\beta \\ y = -x_0\sin\beta + y_0\cos\beta \end{cases} \tag{3-4}$$

新的位置坐标点 $P(x, y)$ 的矩阵表达式见式（3-5）：

$$\begin{bmatrix} x \\ y \\ 1 \end{bmatrix} = \begin{bmatrix} \cos\beta & \sin\beta & 0 \\ -\sin\beta & \cos\beta & 0 \\ 0 & 0 & 1 \end{bmatrix} \begin{bmatrix} x_0 \\ y_0 \\ 1 \end{bmatrix} \tag{3-5}$$

若是制定了旋转中心，则可以先按上述旋转方式进行旋转，再将旋转后的中心平移到旋转前的中心，新的位置坐标点 $P(x, y)$ 的矩阵表达式见式（3-6）：

$$\begin{bmatrix} x \\ y \\ 1 \end{bmatrix} = \begin{bmatrix} \cos\beta & \sin\beta & x_0(1-\cos\beta) - y_0\sin\beta \\ -\sin\beta & \cos\beta & x_0\sin\beta + y_0(1-\sin\alpha) \\ 0 & 0 & 1 \end{bmatrix} \begin{bmatrix} x_0 \\ y_0 \\ 1 \end{bmatrix} \tag{3-6}$$

③ 色彩调整。氮化硅轴承缺陷数据增强中非几何变换的色彩调整包括对氮化硅轴承缺陷图像的色调、对比度、饱和度的调整。将氮化硅轴承缺陷的 RGB 图像转换到 HSV 颜色空间对其进行色彩调整，色调、对比度、饱和度的调整不涉及氮化硅轴承缺陷图像中像素位置的变化，仅是对像素的大小进行改变。因此，此类操作图像对应的语义分割标签不涉及位置的变化，也不改变其代表的语义分割类别。

（2）氮化硅轴承显著性缺陷数据集数据平衡

氮化硅轴承缺陷图像的数据平衡是指用于网络训练的数据集中正负样本分布的相对平衡。机器学习领域，训练数据的不平衡会使网络的学习偏向样本数量大的类别，此类网络即使准确率高，但实际应用中的效果也不会很好。想要避免网络中的此类问题，则必须要对氮化硅轴承缺陷数据集进行数据平衡：

① 针对自制的氮化硅轴承缺陷数据集，一方面，按照上述氮化硅轴承缺陷数据集的数据增广方式进行数据扩增，提高数据量；另一方面，在训练时对每个氮化硅轴承缺陷类别的样本进行随机采样，每个类别采集相同数量的图片，以达到平衡数据的效果。

② 以语义分割网络中的学习器为入手点，对氮化硅轴承缺陷的不同类别的损失计算，加上不同的损失权重，使得占比大的类别的损失乘以一个相对小的权重，使其对损失值的影响变小，而占比小的类别的损失乘以一个相对大的权重，使其对损失值的影响变大，从而控制样本对权重更新的力度，达到数据平衡的效果。针对像素级别的氮化硅轴承缺陷的区域分割的具体问题，由于各个缺陷区域在同一张图中出现的频率、面积比例一般会比较固定，所以仅仅通过第一种方式使氮化硅轴承缺陷数据集达到数据平衡比较困难。故为使氮化硅轴承缺陷数据集达到数据平衡，本课题也采取了添加损失权重的方式。经过数据增广后的氮化硅轴承缺陷数据集的部分图像及其语义分割标签如图 3-11 所示。

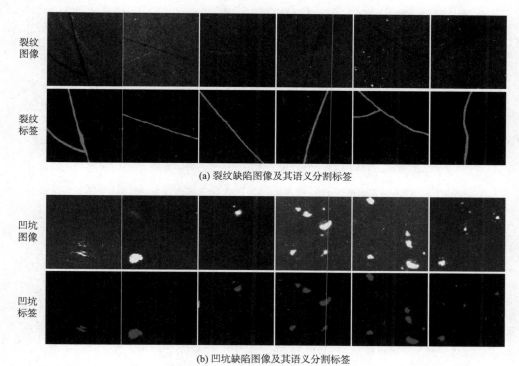

(a) 裂纹缺陷图像及其语义分割标签

(b) 凹坑缺陷图像及其语义分割标签

图3-11

划痕
图像

划痕
标签

(c) 划痕缺陷图像及其语义分割标签

磨损
图像

磨损
标签

(d) 磨损缺陷图像及其语义分割标签

图 3-11　氮化硅轴承缺陷数据集的部分图像及标签图像

第 4 章　语义分割网络识别氮化硅轴承显著性缺陷检测方法

4.1　U-Net & DeeplabV3+ 语义分割网络的网络结构

对氮化硅轴承缺陷图像的语义分割实质是像素级别的分类任务，其中含有类别信息以及位置信息。由于卷积网络中的全连接层不包含位置信息，故用于对氮化硅轴承缺陷图像进行语义分割的卷积神经网络与用于氮化硅轴承缺陷目标分类的卷积神经网络相对比而言，在前者的网络结构中，全连接层被舍弃。在下采样过程，语义分割网络得到的氮化硅轴承缺陷图像的深度特征图虽然含有语义信息，但会损失部分位置信息。因为在下采样过程存在池化层，使氮化硅轴承缺陷图像的深度特征图的尺寸变小，导致分辨率降低，所以部分位置信息遭到损失。对特征图采用上采样，使氮化硅轴承缺陷图像的深度特征图恢复到原始图像的大小，并对每个像素点的类别概率进行推算，实现氮化硅轴承缺陷区域的语义分割。在上采样过程中，为弥补下采样过程中损失的部分位置信息，利用浅层特征与深层特征进行融合的方式提高氮化硅轴承缺陷区域的分割效率。

4.1.1　U-Net 语义分割网络的网络结构

2015 年由 Ronneberger 等人提出一种基于 FCN 网络的 U-Net 语义分割网络，U-Net 语义分割网络最初是为解决生物医学领域中的图像分割问题而设计的，由于其优秀的语义分割效果，后来被广泛应用于语义分割的各个方向。由于 U-Net 语义分割网络是在 FCN 网络的基础上衍生而来，其网络结构亦为编码—解码（Encoder-Decoder）结构，左侧部分（Encoder）用于特征提取，右侧部分（Decoder）用于上采样。U-Net 语义分割网络由收缩路径、扩张路径构成，其中收缩路径承担上下文信息获取的任务，扩张路径则负责精确的定位，且两条路径相互对称，即对其编码—解码的网络结构。图 4-1 所示为 U-Net 语义分割网络的网络结构示意图。图 4-1 中，深灰色方框代表多通道特征图，浅灰色方框意味着复制和拼接的特征图，不同的箭头代表不同的操作。

（1）U-Net 语义分割网络的特点

U-Net 语义分割网络的左侧部分（Encoder）由卷积操作、下采样操作组成，右侧部分（Decoder）则由卷积操作以及上采样操作构成。U-Net 语义分割网络与 FCN 网络相比

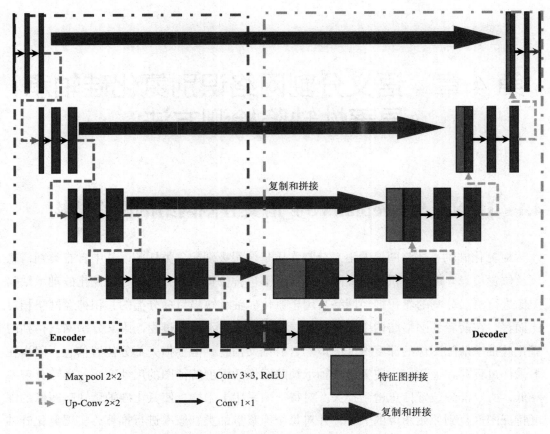

图4-1 U-Net 语义分割网络结构示意图

具有以下新颖之处：①采用了与 FCN 网络不相同的特征融合方式，U-Net 语义分割网络采用的是特征图拼接（Concatenation）的融合方式，将特征在多尺度（Channel）维度拼接在一起，而 FCN 网络的特征融合运用的是对应点相加。②Encoder 中下采样的 5 个池化层实现了 U-Net 语义分割网络对图像特征的多尺度识别。③Decoder 中的上采样融合特征提取部分的输出，将多尺度特征融合在一起。例如 Decoder 中最后一个上采样，它的特征既来自 Encoder 中第一个卷积模块的输出（同尺度特征），也来自上一阶段的上采样的输出（大尺度特征）。贯穿整个网络都是这种连接，由图4-1可以看到，U-Net 语义分割网络中有四次融合过程，与 FCN 网络只在最后一层进行融合的操作相对应。尽管 U-Net 语义分割网络与之前的神经网络相比有其巨大的优势，但其也具有网络结构的缺点：①该语义分割网络运行效率较低，对于邻域重叠部分会进行重复运算。②U-Net 语义分割网络需要在获取特征的上下文信息与特征精确的定位之间权衡，patch 越大，需要的最大池化层越多，则会降低定位的精确度，而小的邻域则会使网络获取较少的上下文信息。

（2）U-Net 语义分割网络的损失函数

损失是用来衡量深度神经网络模型泛化能力好坏的重要指标，网络预测值和真实值差距越大，损失值越高。预测值与真实值的差距越小，说明网络预测值越准确，网络的泛化能力越强。U-Net 语义分割网络计算损失的时候首先运用了像素级别的激活函数——Soft-max 激活函数，再次运用权重交叉熵损失函数计算训练过程中的损失值，其数学模型见式 (4-1)。

$$\text{Loss} = \sum_{x \in \Omega} w(x) \log \left[p_{l(x)}(x) \right]$$

$$(4-1)$$

式中，x 可以看作为图像上的某一像素点，$l(x)$ 表示这个像素点对应的语义分割标签类型，$p_{l(x)}(x)$ 代表这个像素点在对应的语义分割标签类型给出的这个类别的输出的激活值。$w(x)$ 表示调整图像中某个区域重要程度的超参数，在对氮化硅轴承缺陷进行区域分割时，则缺陷区域所对应的权重就需要 $w(x)$ 进行调整。

4.1.2 DeeplabV3+ 语义分割网络的网络结构

DeepLabV3+ 语义分割网络比 U-Net 语义分割网络更加复杂，提取的语义信息更多，是一种在语义分割领域精度比较高的网络结构。相对于 U-Net 语义分割网络其优势具体表现为：① 特征提取网络具有更深的网络结构，可以在保证可训练性的同时，提升模型的表现能力。② 更高效的特征提取能力，Xception 网络使用深度可分离卷积对卷积神经网络进行了优化，可以在保证模型准确率的同时，减少模型的参数量和计算量，更高效地提取图像特征。③ 捕获更加丰富的语义信息。带有空洞卷积的空间金字塔池化模块对不同尺度的特征图进行池化和卷积操作，从而获取更细致全面的语义信息，而 U-net 网络只采用上采样和合并特征的方法，会造成部分细节信息的丢失。④ 语义分割结果更加精确。在解码器部分，Xception 网络为 Backbone 的 Deeplabv3+ 语义分割网络采用了双线性插值和解卷积等技术，可以将输出特征图的尺寸还原为输入图像的尺寸，并得到更为精确的显著性缺陷的语义分割结果，而 U-Net 语义分割网络则是采用卷积和上采样的方法，可能会导致输出的分割结果的模糊和不精确。以 Xception 网络为其骨干网络的 DeepLabV3+ 语义分割网络在特征提取、特征信息全面性和准确性等方面表现更优，适用于复杂的语义分割任务，其网络结构图如图 4-2 所示。DeepLabV3+ 语义分割网络结构上端编码区能够提取输入图像的深度特征信息。编码区由负责对输入图像提取深度特征的深度卷积神经网络模块（Deep Convolution Neural Network, DCNN）及有对 DCNN 网络提取的输入图像的深度特征进一步优化效果的带有空洞卷积的空间金字塔池化模块（Atrous Spatial Pyramid Pooling, ASPP）构成。图 4-2 中，DeepLabV3+ 语义分割网络的网络结构的下部分为其解码区（Decoder）。在解码区将编码区中提取的深度特征图进行上采样，并与提取的浅层特征图进行融合，达到多尺度（Channel）特征图融合的目的。该网络利用浅层特征中的位置信息对上采样过程中不能恢复的部分图像的位置信息进行修补，最终得到 DeepLabV3+ 语义分割网络对氮化硅轴承缺陷图像的语义分割的预测结果。

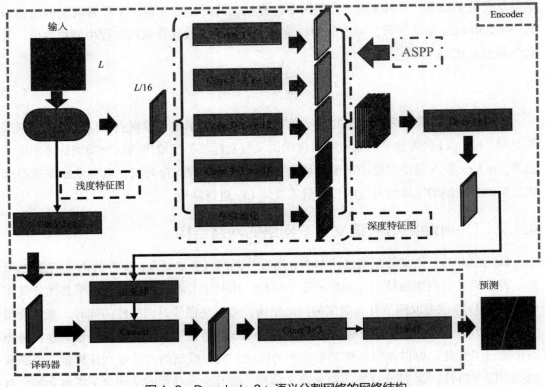

图4-2　DeepLabv3+ 语义分割网络的网络结构

（1）DeepLabV3+ 语义分割网络编码区的特征提取网络模块

尽管随着深度学习的日益发展，但在图像处理领域，语义分割网络的第一步始终是对图像的深度特征进行提取。DeepLabV3+ 语义分割网络的骨干网络（Backbone Module），即其特征提取网络模块，为 Xception 网络，它是在 MobileNet V1 网络之后，MobileNet V2 网络之前，由 Google 公司出品。Xception 网络吸取了 ResNet 网络、Inception 网络、MobileNet V1 网络等的网络结构设计理念，直接以 Inception V3 网络为模板，将里面的基本 Inception Module 的普通卷积操作（Conv）替换为使用深度可分离卷积操作（Depthwise Separable Convolution，DSConv），又外加残差连接，在卷积层的权值共享基础上，减少了 DeepLabV3+ 语义分割网络的参数量。Xception 网络为 Google 公司在 2016 年 10 月出品的一种提取深度特征的网络结构，其目前主要有 3 种架构：Xception_41，Xception_65，Xception_71，在此次课题中 DeepLabV3+ 语义分割网络主要采用 Xception_65 架构。Xception_65 的网络结构图如图 4-3 所示，该网络的结构由进入流（Entry Flow）、中间流（Middle Flow）、输出流（Exit Flow）组成。Xception_65 的网络结构中，Entry Flow 部分中用步长（Stride）大小为 2 的卷积层，替代了 Xception_41 网络结构中的池化层。图 4-2 中的"⊕"代表输入的缺陷特征图根据特征图位置的点加运算，在 Xception_65 的网络结构中，其中间流需要被重复 16 次，替代了 Xception_41 网络结构中的中间流需要被重复 8 次的设计思想；在图 4-3 中，Xception_65 的网络结构中的进入流部分共有 4 个步长为 2（Stride=2）的卷积层，其中包括 1 个普通卷积层和 3 个深度可分离卷积层，致使最终进入流部分最终输出的深度特征图的尺寸是输入图像的 1/16。

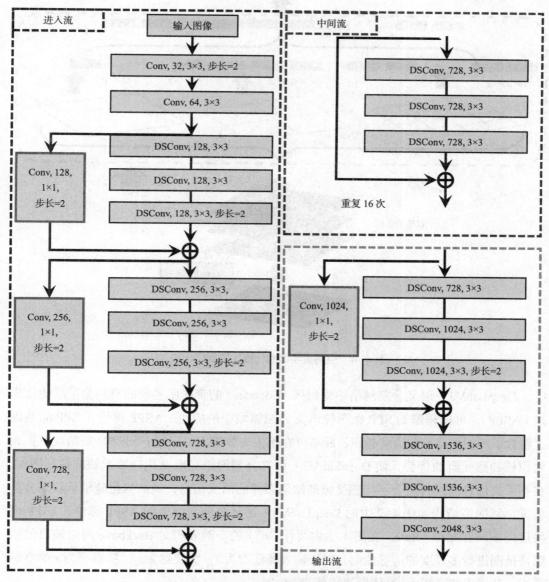

图 4-3　DeepLabV3+ 语义分割网络的特征提取网络模块

（2）带有膨胀卷积的空间金字塔池化模块

空间金字塔池化模块（SPP）是 SPPNet 网络的核心，使卷积神经网络对输入任意尺寸的图像生成固定的输出是设计该网络模块的主要目的。其设计思路为：首先对上一网络层输出的任意尺寸的特征图划分为 16 个、4 个、1 个部分方块，共计 21 个方块，其次对每个方块进行最大池化操作，最后池化后的特征图拼接到一个固定通道（Channel）的输出，以满足全连接层的需求。图 4-4 为空间金字塔池化模块的网络结构。

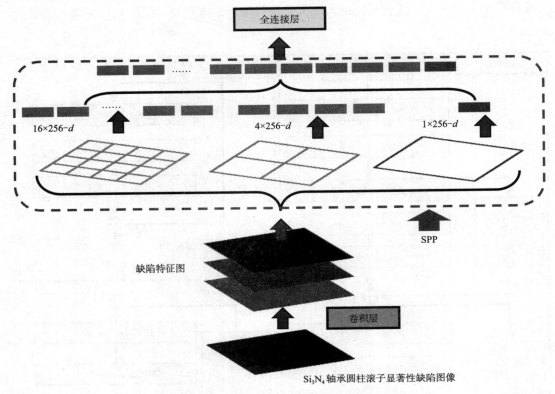

图 4-4　空间金字塔池化模块的网络结构

DeepLabV3+ 语义分割网络中编码区（Encoder）的带膨胀卷积的空间金字塔池化模块（ASPP），可以理解为 SPP 在图像语义分割领域中的应用，ASPP 模块在 SPP 的基础上融合了不同膨胀率的膨胀卷积，此举可在不丢失分辨率（不进行下采样）的情况下扩大卷积核的感受野的优势，使 DeepLabV3+ 语义分割网络提取氮化硅轴承缺陷特征图时，在不丢失信息的同时组合不同感受野的缺陷图像的语义信息，提高氮化硅轴承缺陷分割精度，其网络结构如图 4-2 中的 DeepLabV3+ 语义分割网络中的 ASPP 部分。ASPP 模块运用不同膨胀率（Rate，在图 4-1 中写作 "r"）的空洞卷积对 Backbone 网络输出的缺陷特征图进行多尺度的信息提取。对于输入特征图为 x，滤波器为 w，膨胀率为 r 的空洞卷积，其输出特征图 y，具体表达式见式（4-2）。

$$y_i = \sum_k x[i + rk]\ w[k] \qquad (4-2)$$

式中，k 为卷积核尺寸，大小为 $k \times k$。

　　ASPP 模块运用 1×1 卷积操作将 DCNN 网络 (特征提取网络, Backbone 网络) 的输出特征图从 2048 个维度转换成 256 个维度, 利用不同膨胀率 r (r=6, 12, 18) 的卷积核, 其尺寸大小为 3×3, 对图 4-1 中的特征图 L/16 进行卷积, 输出 3 个感受野大小不同的特征图, 其维度均为 256。在 ASPP 模块中, 随着膨胀率的增加, 卷积核的作用会减弱, 当空洞卷积核的尺寸与特征图尺寸相同时, 仅有卷积核的中心发挥作用, 故 DeepLabV3+ 语义分割网络在 ASPP 模块中引入 1 个平均池化层, 对特征图 L/16 沿着维度方向采用平均池化操作, 输出平均池化后的特征图。在 ASPP 模块 DeepLabV3+ 语义分割网络中编码区 (Encoder) 的 5 个输出的特征图沿着维度方向进行合并。

　　(3) DeeplabV3+ 语义分割网络的解码器 (Decoder)

　　在空间上因为需要将 DeeplabV3+ 语义分割网络编码区提取的深度特征图尺寸恢复成输入图像的尺寸。故解码器采用双线性插值进行 2 个 4 倍上采样运算。

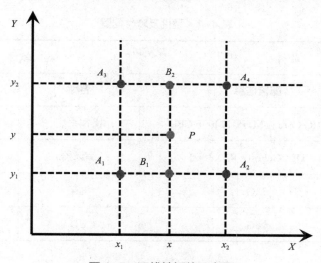

图 4-5　双线性插值示意图

　　在图 4-5 中, 已知 A_1, A_2, A_3, A_4 点为未知函数 f 的函数值, 为得到 P (x, y) 点在 f 中的函数值, 首先沿 x 轴方向线性插值, 得到 $f(B_1)$, $f(B_2)$, 具体计算模型如式 (4-3)、式 (4-4)。最终再沿 Y 轴方向线性插值, 则可求取 $f(P)$。

$$f(B_1) = \frac{x_2 - x}{x_2 - x_1} f(A_1) + \frac{x - x_1}{x_2 - x_1} f(A_2) \tag{4-3}$$

$$f(B_2) = \frac{x_2 - x}{x_2 - x_1} f(A_3) + \frac{x - x_1}{x_2 - x_1} f(A_4) \tag{4-4}$$

　　由于解码区的浅层特征图的权重过大, 不能在上采样结束后直接与深度特征图进行拼接融合, 否则反而会导致语义分割的分辨率降低, 故 DeeplabV3+ 语义分割网络对解码区的浅层特征利用 1×1 的卷积操作, 降低其维度数, 再进行特征融合。此举可保证深度特征占有较大权重，浅层特征亦占有一定权重，避免了浅层特征的权重过大造成的网络训练艰难的现象发生，最终运用 3×3 卷积操作将维度数恢复成 1×1 的卷积操作之前的维度数，再运用双线性插值进行上采样，输出与输入图像尺寸相同的语义分割图，完成对氮化硅轴承缺陷的语义分割。

4.2　语义分割网络识别氮化硅轴承显著性缺陷的检测实验

4.2.1　实验环境及相关参数设置

此课题的氮化硅轴承机器视觉检测系统的上位机控制系统的图像处理硬件环境配置及软件配置如表 4-1 所示。

表 4-1　硬件及软件配置

硬件		软件	
名称	配置信息	名称	配置信息
CPU	Intel (R) Core (TM) i5-12400F CPU	操作系统	Windows11
GPU	NVIDIA GeForce RTX3060	编译器	Python 3.8
内存	32G	框架	Pytorch 1.12.1
显存	16G	CUDA	CUDA 11.0

4.2.2　实验过程

为了验证 U-Net 语义分割网络、DeeplabV3+ 语义分割网络针对此课题制备的氮化硅轴承缺陷数据集的缺陷区域分割的有效性，本章对两者进行网络训练，总结其在训练过程中出现的问题，在本文最后两章在其两者的网络结构基础上对其进行优化与创新。

实验时 U-Net 语义分割网络、DeeplabV3+ 语义分割网络的具体训练过程为：对氮化硅轴承缺陷数据，运用智能化交互式标注软件 EISeg 软件进行图像标注获得对应的语义分割标签图像，完成数据集的制备；对氮化硅轴承缺陷数据集进行数据增广，将由1600 张氮化硅轴承缺陷图像及其对应的语义分割标签图像构成的氮化硅轴承缺陷数据集扩增为 4800 张氮化硅轴承缺陷图像及其对应的语义分割标签图像构成的数据集，图像尺寸大小为 256×256。训练过程，扩增后的氮化硅轴承缺陷数据集会被随机打乱顺序，按一定比例划分为训练集、验证集，划分比例为 9∶1。氮化硅轴承缺陷数据集预处理完成后，会将缺陷图像及其对应的语义分割标签图像输入 U-Net 语义分割网络、DeeplabV3＋语义分割网络中，经过网络结构中一系列的卷积、下采样、上采样操作，最终输出预测图像，完成氮化硅轴承缺陷的缺陷区域的语义分割，得到预测结果，然后通过语义分割网络的反向传播，更新网络参数，使网络的损失函数值不断降低，最终趋于收敛，达到最优。训练过程中使用了 Adam 优化器，以及冻结训练的训练策略。

4.3　语义分割网络识别氮化硅轴承显著性缺陷的实验结果与分析

针对本章采用 U-Net 语义分割网络、DeeplabV3＋语义分割网络对氮化硅轴承缺陷数据集进行的图像缺陷分割的视觉检测实验，采用评估语义分割网络性能的平均像素精度（mPA）以及平均交并比（mIoU）作为本次实验的评价值指标，评估 U-Net 语义分割网络、DeeplabV3＋语义分割网络的网络结构在氮化硅轴承缺陷分割领域的效果，发现其网络结构所带来的问题，为后期对其进行网络结构的优化与创新设计提供实验数据支撑。此次实验结果分析分为训练过程结果分析和预测实验结果分析两部分，从网络训练过程、预测结果对 U-Net 语义分割网络、DeeplabV3＋语义分割网络的图像分割性能进行分析与比较。

4.3.1　语义分割网络的训练过程分析

运用制备的氮化硅轴承缺陷数据集对 U-Net 语义分割网络、DeeplabV3＋语义分割网络进行训练。两种网络的语义分割训练损失函数变化曲线如图 4-6 所示。深度学习领域，无论是图像分类、目标检测、语义分割还是实例分割任务，在训练过程，一般数据集的训练集损失函数值、验证集损失函数值越低，深度学习网络在该领域的精度越高，说明网络的性能越好。在本章实验中，U-Net 语义分割网络、DeeplabV3＋语义分割网络的训练过程分为了冻结训练过程和解冻训练过程，之所以在训练过程中设计冻结训练，是因为特征提取网络模块所提取到的缺陷特征是通用的。根据迁移学习的设计理念，将其进行冻结后再进行整个语义分割网络的训练，既可加速训练效率，又能防止特征提取网络模块的权重被破坏。迁移学习运用的权重是特征提取网络作为图像分类网络对氮化硅轴承缺陷图像进行分类而生成的网络权重。

正常情况下 Freeze_batch_size 建议为 Unfreeze_batch_size 的 1~2 倍，因为关系到学习率的自动调整，由于内存的限制，不建议设置的差距过大，所以冻结训练阶段的一个批次（batch）输入 16 张图像，即 Freeze_batch_size＝16，解冻训练阶段 Unfreeze_batch_size＝8。冻结训练阶段训练世代（Epoch）为 50，即 Freeze_epoch＝50，整个语义分割网络的训练世代次数为200，即 Unfreeze_epoch＝200。由图4-6可知，在训练世代在第100次左右时两个语义分割网络的损失函数变化曲线整体上开始趋于平缓，最终，U-Net 语义分割网络的训练集损失函数稳定在0.008左右，验证集损失函数稳定在0.010上下；同理，DeeplabV3＋语义分割网络的训练集损失函数稳定在0.026附近，验证集损失函数稳定在0.028左右。在训练过程中 U-Net 语义分割网络的损失函数曲线的收敛速度明显快于 DeeplabV3＋语义分割网络的损失函数的收敛速度，很重要的一方面是因为 DeeplabV3＋语义分割网络的网络结构要比 U-Net 语义分割网络的网络结构复杂，故在训练过程中 DeeplabV3＋语义分割网络的训练会更加复杂，其需要的训练时间相对于 U-Net 语义分割网络的则较长。

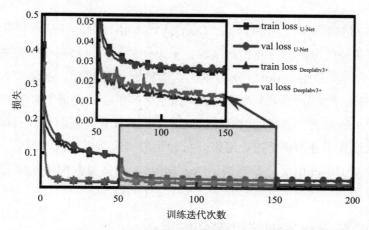

图4-6　语义分割训练损失函数变化曲线图

4.3.2　语义分割网络的检测实验结果分析

利用氮化硅轴承缺陷数据集的验证集进行语义分割，对氮化硅轴承圆柱滚子表面进行显著性缺陷区域的图像分割，验证集在 U-Net 语义分割网络、DeeplabV3＋语义分割网络可视化的类别以及最终的网络性能评判结果如表4-2所示，部分缺陷语义分割可视化结果如图4-7所示。平均像素精度和平均交并作为语义分割网络性能的评判指标，简洁和代表性强是其相比其他评判指标的优势，这两个指标取值范围为 [0, 1]，取值越趋向于1，则代表其网络的语义分割效果越好。

表4-2　U-Net 语义分割网络、Deeplabv3＋语义分割网络的网络性能评判结果

缺陷区域类别	语义分割标签颜色	交并比（IoU）	
		U-Net 网络	DeeplabV3＋网络
裂纹		0.89	0.66

续表

缺陷区域类别	语义分割标签颜色	交并比（IoU）	
		U-Net 网络	DeeplabV3+ 网络
凹坑	▬▬▬	0.86	0.80
划痕	▬▬▬	0.85	0.65
磨损	▬▬▬	0.93	0.87
均交并比（mIoU）		0.904	0.793

　　由表 4-2 的语义分割网络性能评判结果可知，针对氮化硅轴承缺陷数据集，U-Net 语义分割网络比 DeeplabV3+ 语义分割网络的 mIoU 明显高出 11.1%，同时，氮化硅轴承缺陷数据集中每类缺陷的 IoU 均是 U-Net 语义分割网络明显高于 DeeplabV3+ 语义分割网络，总体上表明，在简单的单张图像二分类的语义分割任务中 U-Net 语义分割网络比 DeeplabV3+ 语义分割网络的分割效果好。

　　观察图 4-7 氮化硅轴承缺陷的分割结果，U-Net 语义分割网络在缺陷边缘细节语义信息的处理效果比 DeeplabV3+ 语义分割网络的处理效果略差，从裂纹缺陷、划痕缺陷、磨损缺陷的分割结果中，明显发现边缘细节的分割精度 DeeplabV3+ 语义分割网络高于 U-Net 语义分割网络。二者同时存在将磨损错误预测为划痕的结果。

　　实验结果与分析部分表明两者在氮化硅轴承缺陷的缺陷区域分割领域都有明显提升

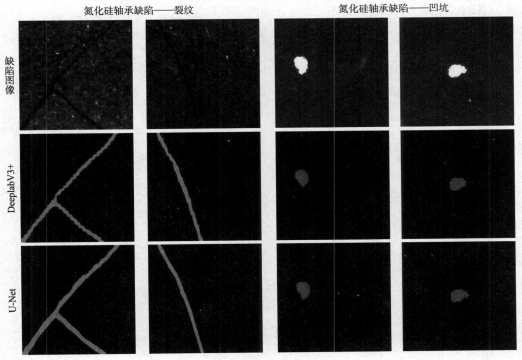

图 4-7

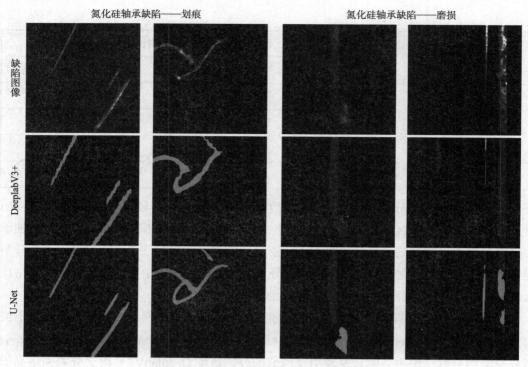

图4-7　氮化硅轴承缺陷语义分割结果图

的空间。U-Net 语义分割网络需要提升其多尺度特征融合的能力，以改善其对缺陷区域边缘信息的提取能力；DeeplabV3＋语义分割网络则需要优化其特征提取网络模块，以提升其 mIoU。

第 5 章　多尺度特征语义分割网络识别氮化硅轴承显著性缺陷检测方法

5.1　多尺度特征语义分割网络的优化技巧

5.1.1　膨胀卷积

膨胀卷积又称空洞卷积（Dilated Convolution），近年来在目标检测、语义分割领域受到广泛应用。膨胀卷积最初是由 Yu 等在 2016 年提出，其思路为扩展不同卷积核像素间的距离，其与普通卷积的不同之处在于膨胀卷积引入膨胀率，定义为图像的某一维度相邻元素间嵌入 0 的数量。图 5-1 为不同膨胀率的膨胀卷积。感受野大小的具体计算公式见式（5-1）：

$$SF_{i+1} = SF_i + [\, k + (k-1) \times (d-1)\,] \times \prod_{i=1}^{n} \mathrm{Stride}_i \tag{5-1}$$

式中，SF_{i+1} 为当前层的感受野尺寸，SF_i 为上一层的感受野尺寸，k 为膨胀卷积的卷积核，d 为膨胀率，Stride 为步长。

观察图 5-1 中的膨胀卷积，分析可知，在深度相同的语义分割网络中膨胀卷积与普通卷积相比，其感受野要大很多。此外，膨胀卷积能够获取不同尺度的上下文信息，当膨胀率不同时，不同的感受野能够提取不同的尺度信息，从而获取多尺度特征信息。虽

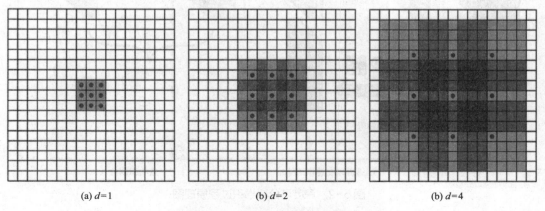

(a) $d=1$　　　　　　　　(b) $d=2$　　　　　　　　(b) $d=4$

图 5-1　不同膨胀率的膨胀卷积

然膨胀卷积在获取多尺度信息的问题上具有优势，但也存在缺点，即网格效应问题。在膨胀卷积提取的特征图中，相邻像素可能为从相互独立的特征图子集中卷积获取的，彼此间缺少关联，造成特征图局部信息丢失。合理的膨胀率设计方可避免膨胀卷积中的此类问题。

5.1.2 深度可分离卷积

为能够在训练过程中有效地减少训练参数，Sifre L. 等人在 MobileNet 网络中首次提出深度可分离卷积（Depthwise Separable Convolution），其主要运用于轻量级网络。因为深度卷积没有融合通道间信息，所以需要配合逐点卷积使用。所以深度可分离卷积过程分为逐通道深度卷积过程（Depthwise Convolution）和点卷积过程（Pointwise Convolution），其卷积过程原理图如图 5-2 所示，结合深度可分离原理图分析可知，深度可分离卷积其本质是分组数等于输入特征图通道数的分组卷积，点卷积过程其实质是 1×1 的普通卷积过程。普通卷积过程卷积层的参数量计算公式如式（5-2）所示。

$$Z = n \cdot k^2 \cdot N \tag{5-2}$$

式中，Z 为普通卷积层参数数量，N 为一个卷积层中卷积模块的数量，n 为一个卷积模块中卷积核的数量，k^2 为卷积核尺寸。

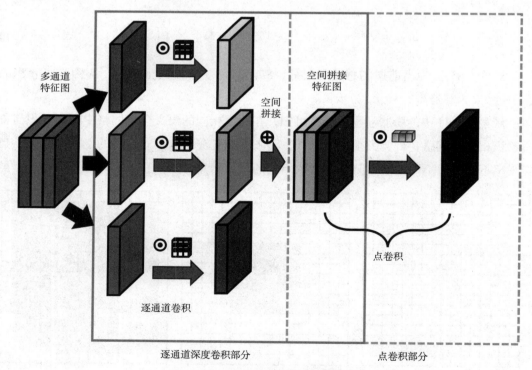

图5-2 深度可分离卷积过程原理图

深度可分离卷积过程中卷积层参数量计算可分为两部分，即逐通道深度卷积、点卷积，具体计算公式如式（5-3）所示。

$$\begin{cases} Z_1 = n \cdot k^2 \\ Z_2 = N_{\text{Channel}} \cdot n_{1\times1,\text{Conv}} \\ Z_{\text{DSC}} = Z_1 + Z_2 \\ \qquad\quad = nk^2 + N_{\text{Channel}} \cdot n_{1\times1,\text{Conv}} \end{cases} \tag{5-3}$$

式中，Z_1 为逐通道深度卷积部分卷积层参数量，Z_2 为点卷积部分卷积层参数量，Z_{DSC} 为深度可分离卷积过程卷积层参数量，n 为输入特征图通道数对应普通卷积过程中一个卷积模块中卷积核的数量，k^2 为卷积核尺寸，N_{Channel} 是经逐通道深度卷积后输出的特征图通道数，$n_{1\times1,\text{Conv}}$ 代表 1×1 卷积核的数量。

由式（5-2）、式（5-3）分析可得，相比于普通卷积过程的卷积层参数量计算，深度可分离卷积层的参数量明显减少。

5.1.3　多尺度特征融合网络模块——膨胀卷积空间金字塔池化模块

多尺度图像实际是对图像在不同粒度下进行采样，在不同尺度下，能够观察到图像的不同特征，进而完成各种图像处理任务。为获得更加丰富的特征表达，语义分割网络利用感受野通过逐层抽象的方式来提取特征，感受野越小，观察到的特征范围越小，只能提取到局部的特征，若感受野过大，则提取到过多的无用信息。语义分割网络在训练过程中，使用多尺度网络模块获取特征信息，可以获得更加丰富的信息，以此提高语义分割网络的语义分割精度。多尺度网络结构通常有图像金字塔网络模块与特征金字塔网络模块两种方案，具体的网络结构可以分为多尺度输入网络模块、多尺度特征融合网络模块、多尺度特征预测融合网络模块及上述网络模块的组合。本章提出的多尺度特征融合 U-Net 语义分割网络采用的便是多尺度特征融合网络模块中的膨胀卷积空间金字塔池化网络模块，也称作多孔空间金字塔池化网络模块（ASPP），其基本结构如图 5-3 所示。该网络模块最初是由 Chen 等人提出，由图 5-3 可以看到，在它的网络结构中为有利于获得大小不同的感受野，提取图像的多尺度特征，不同膨胀率的膨胀卷积被并行使用，此举有利于特征图中的语义信息和位置信息的充分融合，使语义分割网络的分割精度进一步提高。

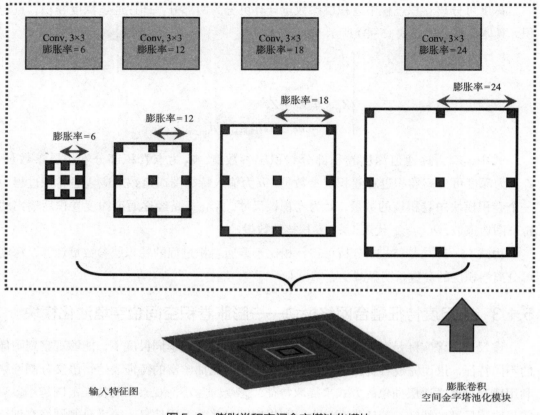

图 5-3　膨胀卷积空间金字塔池化模块

5.2　嵌入多尺度特征的 D-A-IU-Net 语义分割网络的结构设计

U-Net 语义分割网络一般用来处理医学图像中的二分类问题，所需图像数据集的复杂度较低，背景简单。但氮化硅轴承缺陷数据集携带图像数据丰富，需要深层次的语义分割网络模型，才能对其数据集中显著性缺陷的高级语义缺陷特征进行提取，得到缺陷特征更为精准的缺陷特征图。为更好地融合缺陷特征，D-A-IU-Net 语义分割网络模型结构以 U-Net 语义分割网络模型的对称的编码—解码结构为基础，重新构建识别氮化硅轴承缺陷的语义分割网络模型，其结构如图 5-4 所示。D-A-IU-Net 语义分割网络创新之处分为 D-A-IU-Net 语义分割网络的深度可分离卷积层、膨胀卷积空间金字塔池化模块及残差网络模块。

D-A-IU-Net 语义分割网络模型继承了 U-Net 语义分割网络模型的 Encoder-Decoder 结构，具体的网络结构参数如表 5-1 所示。该网络结构将编码器部分分为 Encoder1、

Encoder2，其中编码器 Encoder1 模块由 3 个单元组成，前两个单元均由两个普通卷积层以及一个由深度可分离卷积层替代的池化层构成。为保证增强网络对缺陷特征的提取能力，在保证准确率的同时，减少参数数量和计算量，编码器 Encoder1 模块的底层单元 Unit_3 的第二个普通卷积层由深度高度可分离卷积层代替。编码器 Encoder2 模块的 Unit_5、Unit_7 为加入编码器底层的残差模块，目的是为使网络深度加深，提取更加复杂的缺陷信息，获得更多的全局信息。Unit_6 为膨胀卷积空间金字塔池化模块

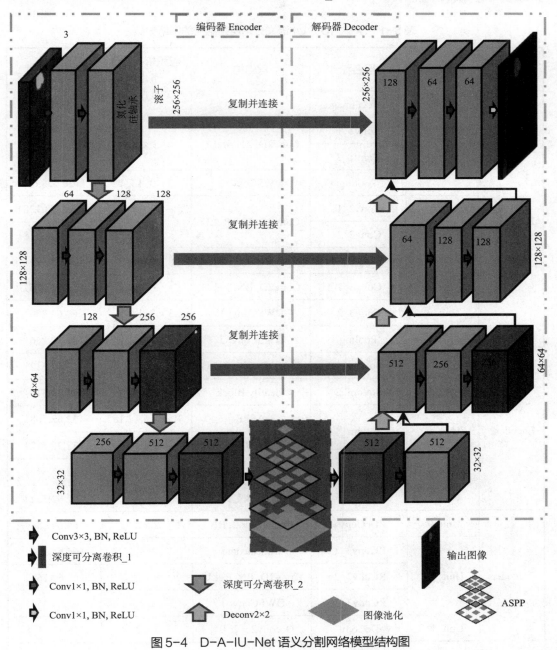

图 5-4 D-A-IU-Net 语义分割网络模型结构图

（ASPP）。D-A-IU-Net 语义分割网络的结构为对称的 Encoder-Decoder 结构，故在解码器 Decoder 模块中采用转置卷积层（Deconvolution Layer）进行 3 次上采样，DeConv 后将对称的编码器中每层缺陷特征与其对应的上采样的缺陷特征通过 Concatenate 连接，充分融合氮化硅轴承缺陷的深层和浅层语义特征，此举对细节信息的恢复更加有利。解码器 Decoder 模块 Unit_10 单元与解码器 Encoder1 的 Unit_3 单元对称，故其最后一卷积层也为深度可分离卷积层。

表 5-1　D-A-IU-Net 语义分割网络结构的网络参数

网络模块	单元名称	层名称	层结构	卷积核 / 滑动窗口	形状 / 尺寸
Encoder1	Input	Defect image			(256,256,3)
	Unit_1	Conv1_1	Conv2D, BN, ReLU	3 × 3	(256,256,64)
		Conv1_2			(256,256,64)
		Pooling	DWSConv_2	3 × 3, 1 × 1	(128,128,64)
	Unit_2	Conv2_1	Conv2D, BN, ReLU	3 × 3	(128,128,128)
		Conv2_2			(128,128,128)
		Pooling	DWSConv_2	3 × 3, 1 × 1	(64,64,128)
	Unit_3	Conv3_1	Conv2D, BN, ReLU	3 × 3	(64,64,256)
		Conv3_2	DWSConv_1	3 × 3, 1 × 1	(64,64,256)
		Pooling	DWSConv_2	3 × 3, 1 × 1	(32,32,256)
Encoder2	Unit_4	Bottom_1	Conv2D, BN, ReLU	3 × 3	(32,32,512)
	Unit_5	Bottom_2	Identity Block	1 × 1, 3 × 3	(32,32,512)
	Unit_6	Bottom_3	ASPP	Rate = 6,12,18	(32,32,768)
			Conv2D, BN, ReLU	1 × 1	(32,32,512)
	Unit_7	Bottom_4	Identity Block	1 × 1, 3 × 3	(32,32,512)
	Unit_8	Bottom_5	Conv2D, BN, ReLU	3 × 3	(32,32,512)
Decoder	Unit_9	DeConv	Deconv2 × 2, BN	2 × 2	(64,64,256)
	Unit_10	RConv3_1	Concatenate		(64,64,512)
		RConv3_2	Conv2D, BN, ReLU	3 × 3	(64,64,256)
		RConv3_3	DWSConv_1	3 × 3, 1 × 1	(64,64,256)
	Unit_11	DeConv	Deconv2 × 2, BN	2 × 2	(128,128,128)

续表

网络模块	单元名称	层名称	层结构	卷积核 / 滑动窗口	形状 / 尺寸
Decoder	Unit_12	RConv2_1	Concatenate		(128,128,256)
		RConv2_2	Conv2D, BN,	3 × 3	(128,128,128)
		RConv2_3	ReLU		(128,128,128)
	Unit_13	DeConv	Deconv2 × 2, BN	2 × 2	(256,256,64)
	Unit_14	RConv1_1	Concatenate		(256,256,128)
		RConv1_2	Conv2D, BN,	3 × 3	(256,256,64)
		RConv1_3	ReLU	3 × 3	(256,256,64)
	Output	Segmentation	Conv2D	1 × 1	(256,256,5)

5.2.1　D-A-IU-Net 语义分割网络的深度可分离卷积层

采用深度可分离卷积替代该语义分割网络模型底层的普通卷积。当替换该网络结构底层的普通卷积层时，该网络参数量降低 30%，但 mIoU 同 U-Net 语义分割网络模型相比无明显变化，经大量实验表明，当利用深度可分离卷积（其结构原理图如图 5-5 所示）替代 D-A-IU-Net 语义分割网络模型编码模块的第 3 层的第 2 个普通卷积以及其对应的解码模块的第 2 个普通卷积时，能够在保证 mIoU 较 U-Net 语义分割网络模型相比有明显上升的同时减少网络模型的参数量。

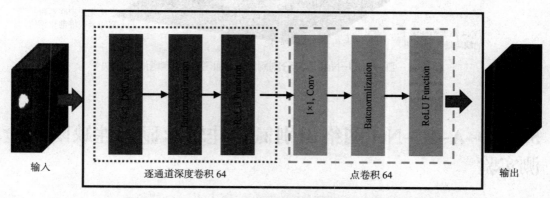

图 5-5　D-A-IU-Net 语义分割网络深度可分离卷积原理

U-Net 语义分割网络模型在编码模块运用最大池化进行下采样，连续的最大池化下采样会导致空间信息丢失，且在上采样过程不易恢复丢失的缺陷特征的空间信息，同时造成缺陷特征图分辨率降低。卷积过程能够学习参数，且更有益于上采样过程中缺陷特征的空间信息的恢复。故提出采用卷积层（步长 =2）代替池化层，但普通卷层积代替池化层，类似于加大该网络模型的深度，这会引起网络模型参数量增加。故将普通卷积替换为深度可分离卷积，以保证能够在替代最大池化，减少空间信息丢失的同时，实现网络模型参数量的有效降低。

5.2.2　D-A-IU-Net 语义分割网络膨胀卷积空间金字塔池化残差模块

U-Net 语义分割网络为全卷积语义分割网络的一种变体，其卷积网络自身的平移不变性以及局部感知的特性将导致卷积网络提取的缺陷特征图缺乏全局信息（上下文信息）和多尺度特征信息。故 D-A-IU-Net 语义分割网络的结构在编码模器的最底层加入残差模块以及膨胀卷积空间金字塔池化模块（基本结构如图 5-6 所示），以增加多尺度特征信息的融合，能够提取到更多缺陷特征的上下文信息（全局信息）。使用并行的膨胀率不同的膨胀卷积，可以获得尺寸不同的感受野，提取多尺度的缺陷特征，使缺陷特征图的语义信息和位置信息充分融合，进一步提高该模型对氮化硅轴承缺陷的分割精度。

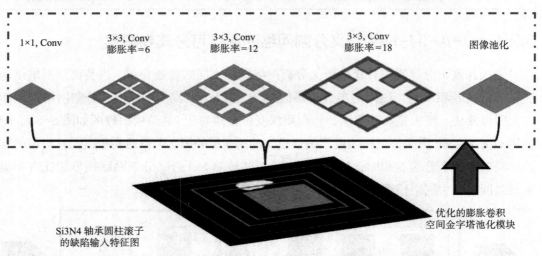

图 5-6　D-A-IU-Net 语义分割网络的膨胀空间金字塔池化模块

5.3　D-A-IU-Net 网络识别氮化硅轴承显著性缺陷的检测实验

5.3.1　实验环境及相关参数设置

本章进行的 D-A-IU-Net 语义分割网络识别氮化硅轴承缺陷的检测实验的环境、相关训练参数与第 4 章相同，所用的氮化硅轴承缺陷数据集亦为第 3 章中制作的数据集，在此相关内容不再进行过多赘述。

5.3.2　实验过程

与第 4 章中运用 U-Net 语义分割网络进行的氮化硅轴承缺陷的区域分割实验的实验过程基本相同，在此不再进行过多的描述。

5.4　氮化硅轴承显著性缺陷检测的实验结果与分析

5.4.1　多尺度特征的 1D-A-IU-Net 网络训练过程分析

（1）多尺度特征的 D-A-IU-Net 网络的训练过程

氮化硅轴承缺陷数据集完成降噪、数据增广后，将数据集按照比例 9：1 划分为训练集、验证集。将划分好的氮化硅轴承缺陷数据集输入 D-A-IU-Net 网络中，对该语义分割网络进行训练、验证。图 5-7 所示为输入氮化硅轴承缺陷数据集后的 D-A-IU-Net 语义分割网络的训练损失以及训练交并比（Train mIoU）图像。

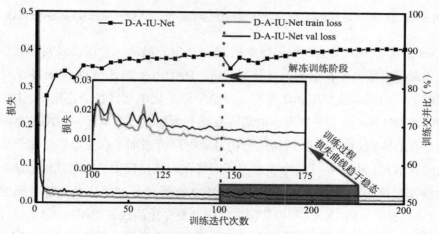

图 5-7　D-A-IU-Net 语义分割网络训练损失变化曲线及均交并比曲线

此次训练过程共计 100 个训练迭代次数。当 0＜训练迭代次数≤100 时，由于前期已经拥有氮化硅轴承缺陷数据集在骨干网络上的预训练权重，故在前 100 个迭代进行冻结训练，目的是为加速训练过程。当 100＜训练迭代次数≤200 时，对 D-A-IU-Net 语义分割网络进行解冻训练，训练损失曲线与验证损失曲线逐渐趋于平稳。且训练时的均值交并比（mIoU）一直保持在 80% 以上，且当 100＜训练迭代次数≤200 时，损失曲线平稳，mIoU 亦趋于平稳且保持在 90% 左右。上述数据证明 D-A-IU-Net 语义分割网络可以用来对氮化硅轴承缺陷数据集进行训练，且模型训练效果明显。

（2）D-A-IU-Net 网络消融实验的训练结果分析

为验证所提出的在 U-Net 语义分割网络的基础上进行重构的 D-A-IU-Net 语义分割

网络对氮化硅轴承圆柱滚子表面的裂纹、凹坑、划痕、磨损四种缺陷的检测效果，利用氮化硅轴承缺陷数据集对该语义分割网络进行不同语义分割网络的对比试验以及其自身的消融实验，如图 5-8 所示为所得到的不同语义分割网络的训练过程损失曲线。

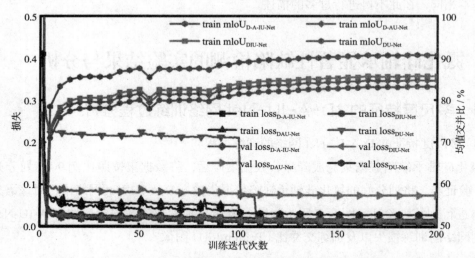

图 5-8　D-A-IU-Net 语义分割网络的消融实验训练损失变化曲线及均交并比曲线

DU-Net 语义分割网络为在编码器底层 Unit_3 单元最后一卷积层以及相对应的解码器部分使用深度可分离卷积层的语义分割网络，DAU-Net 则是在 DU-Net 语义分割网络的结构基础上在编码器底层用膨胀卷积空间金字塔池化单元代替全连接层，DIU-Net 语义分割网络在 DU-Net 语义分割网络的结构基础上添加了残差单元，D-A-IU-Net 语义分割网络则是在 DU-Net 语义分割网络的结构基础上同时添加了膨胀卷积空间金字塔池化单元以及残差单元。由图 5-7 消融实验不同网络在训练过程中，氮化硅轴承缺陷训练集的损失曲线及验证集的损失曲线可知，D-A-IU-Net 语义分割网络的训练效果明显高于 DU-Net、DAU-Net、DIU-Net，图中的损失曲线及交并比曲线说明同时在 DU-Net 语义分割网络的编码器底层部分添加膨胀卷积空间金字塔池化单元以及残差单元的训练效果明显超过单独添加其中任一个单元的训练效果。故在 DU-Net 语义分割网络的结构中加入此两个单元对网络的训练效果有很大帮助。

5.4.2　氮化硅轴承显著性缺陷检测实验的结果分析

（1）D-A-IU-Net 语义分割网络的消融实验的实验结果分析

图 5-8 分析了利用氮化硅轴承缺陷数据集对 D-A-IU-Net 语义分割网络进行消融实验训练过程的评价，由此可得出 D-A-IU-Net 语义分割网络在训练过程中的表现明显高于单独添加膨胀卷积空间金字塔池化单元或残差单元的 DAU-Net、DIU-Net 以及基础语义分割网络 DU-Net。利用氮化硅轴承缺陷数据集对 4 种语义分割网络进行测试的预测分

割效果的评价指标如表 5-2 所示。由表中 mIoU 评价指标数据可知 D-A-IU-Net、DAU-Net、DIU-Net 语义分割网络对氮化硅轴承缺陷的分割精度都比 DU-Net 语义分割网络的分割精度高，D-A-IU-Net 语义分割网络的 mIoU 指标的数值最大，比 DU-Net 语义分割网络的 mIoU 高 13.14%，证明膨胀卷积空间金字塔池化单元和残差单元都能提高 D-A-IU-Net 语义分割网络的分割精度，mPA（类别平均像素准确率）指标数据证明了膨胀卷积空间金字塔池化单元和残差单元对提高 D-A-IU-Net 语义分割网络类别像素准确率的有效性。SIPT，即单张缺陷样本检测时间，证明膨胀卷积空间金字塔池化单元和残差单元在提高网络对缺陷分割精度的同时，提升了 D-A-IU-Net 语义分割网络对氮化硅轴承缺陷的检测速度。

表 5-2　D-A-IU-Net 语义分割网络的消融实验预测评价指标

模型	评价指标		
	mIoU（%）	mPA（%）	SIPT（ms）
DU-Net	77.56	86.73	59.87
DAU-Net	82.81	89.64	65.15
DIU-Net	80.88	88.95	52.64
D-A-IU-Net	90.70	95.13	46.53

（2）D-A-IU-Net 语义分割网络的预测实验结果分析

D-A-IU-Net 语义分割网络被训练完毕后，为验证该网络检测识别氮化硅轴承缺陷的精准性，需要对训练后的网络进行测试。将氮化硅轴承缺陷数据集中的测试集作为输入图像，对该网络的缺陷分割效果进行测试，预测结果评价指标数据如图 5-9 所示。

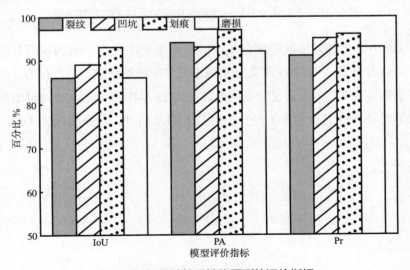

图 5-9　氮化硅轴承缺陷预测的评价指标

由图 5-9 中评价指标的图像可知，D-A-IU-Net 语义分割网络对氮化硅轴承缺陷的 Pr（Precision，类别像素准确率，CPA），PA（Pixel Accuracy，像素准确率）均在 85%~99% 之间，即证明 D-A-IU-Net 语义分割网络对氮化硅轴承缺陷检测识别有着较高的精度，尤其是对划痕这类缺陷有着较高的识别分割精度。

氮化硅轴承缺陷在基于不同语义分割网络的图像分割方法下的预测结果图 5-10 所示。

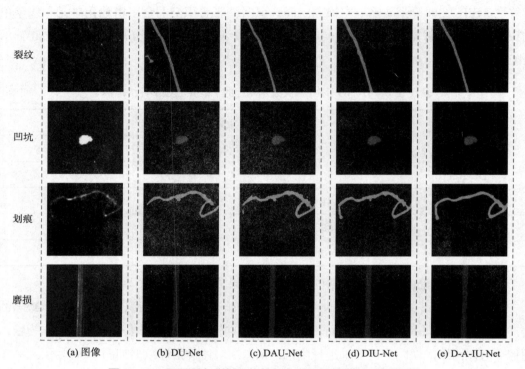

图 5-10　不同语义分割网络的氮化硅轴承缺陷的分割结果

由图 5-10 中氮化硅轴承缺陷测试集中的缺陷原始图像与预测的缺陷分割掩码图像进行对比，可以看出 D-A-IU-Net 语义分割网络的分割结果精细，小目标物体及边界信息损失较少，表明基于 DU-Net 语义分割网络改进的 D-A-IU-Net 语义分割网络所提取的氮化硅轴承缺陷特征图含有更加丰富的位置信息和语义信息，对氮化硅轴承缺陷的分割精度更高。

第 6 章 注意力机制的语义分割网络识别氮化硅轴承显著性缺陷检测方法

6.1 多尺度特征—混合注意力机制语义分割网络的优化策略

6.1.1 N-R-S-Deeplabv3+ 语义分割网络的深度可分离膨胀卷积

所谓深度可分离膨胀卷积（Dilated Depthwise Separable Convolution，简称 DDSConv），是在深度可分离卷积操作中融入膨胀卷积操作，此举既可以在保证深度可分离卷积在训练过程中卷积层的训练参数量少的优势，又可以融入膨胀卷积获取不同尺度的上下文信息，融合多尺度特征信息的特点。深度可分离膨胀卷积的网络结构原理图如图 6-1 所示。

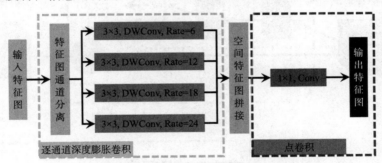

图 6-1 深度可分离膨胀卷积的网络结构原理图

图 6-1 中的深度可分离膨胀卷积分为两部分，即逐通道深度膨胀卷积部分和点卷积部分。逐通道深度膨胀卷积其核心是在逐通道深度卷积结构基础上嵌入膨胀卷积，在图 6-1 的深度可分离膨胀卷积结构的逐通道深度膨胀卷积中分别嵌入膨胀率为 6、12、18、24 的膨胀卷积，以获取上下文信息，提取多尺度特征图信息。点卷积实质为 1×1 普通卷积操作，其目的是对拼接的空间特征图进行信息融合。

6.1.2　N-R-S-Deeplabv3+ 语义分割网络中的注意力机制机理

在氮化硅轴承缺陷区域的语义分割任务中，不是氮化硅轴承缺陷图像的所有区域对此任务的贡献均相同，仅与此任务相关的区域才是缺陷区域的语义分割任务最需要关心的关键之处。为此相关科研人员构建了语义分割网络中的注意力机制，旨在寻找语义分割网络中最重要的部位进行处理，其本质是利用语义分割网络中的相关特征图在网络训练过程中进行学习的权重，再利用加权求和原理，在原先含有权重的特征图上加权求和，从而获取增强的区域特征。根据注意力机制的注意力域不同，在视觉领域，注意力机制可以分为图像空间域注意力机制（Spatial Attention Module）、图像通道域注意力机制（Channel Attention Module）以及图像混合域注意力机制（Mixed Attention Module）。图像空间域注意力机制是对图像空间域特征信息做相应的空间变换，进而使图像特征图中关键的信息被提取出来；图像通道域注意力机制则是给每个通道的特征图都加权一个权重，以表示该通道与关键信息的相关度，权重越大，意味着其相关度越高；而图像混合域注意力机制是将图像空间域注意力机制与图像通道域注意力机制进行耦合，兼备二者的特点。图 6-2 所示为注意力机制的结构示意图。

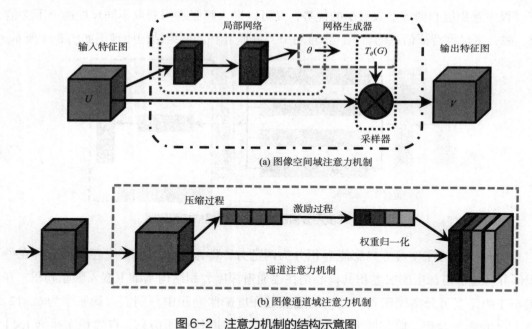

(a) 图像空间域注意力机制

(b) 图像通道域注意力机制

图6-2　注意力机制的结构示意图

图 6-2（a）为图像空间域注意力机制中具有代表性的网络模型——空间变换神经网络（Spatial Transformer Networks，STN），空间变换神经网络能够保证图像在经过裁剪、平移或者旋转等几何变换后，依旧可以提取和变换前的图像相同的结果。图 6-2（a）的STN 注意力机制网络中由局部网络、网络生成器、采样器构成，局部网络负责预测输入

特征图的变换；网络生成器的作用是参数化网络采样，获得输出的图像特征图坐标点在输入特征图对应的坐标点位置；采样器则承担差分图像采样的功能。图 6-2（b）是图像通道域注意力机制中的经典网络——压缩和激励网络（Squeeze-and-Excitation Networks, SENet），SENet 注意力机制网络由压缩（Squeeze）和激励（Excitation）两部分构成，压缩的目的是对图像特征图的全局空间信息进行压缩，将空间维度进行特征压缩，即每个二维的特征图变成一个实数，相当于具有全局感受野的池化操作，特征通道数不变。然后在通道维度进行学习，得到各个通道的重要性，然后针对不同的任务增强或者抑制不同的通道特征。

6.2　多尺度特征—注意力机制的 N-R-S-Deeplabv3+ 语义分割网络设计

N-R-S-Deeplabv3+ 语义分割网络在 Deeplabv3+ 网络的结构基础上对其结构进行以下优化，N-R-S-Deeplabv3+ 语义分割网络的总体网络结构如图 6-3 所示。该结构主要由两大部分构成，即重构的编码器结构（Encoder）、重构的解码器结构（Decoder）。重构编码器结构由三个主要模块构成，即特征提取网络模块、重构的空洞空间金字塔池化模块（Reconstructed Atrous Spatial Pyramid Pooling Module, R-ASPP）、1×1 卷积操作和 NAM 注意力机制模块；重构解码器则主要包括空间注意力机制模块（Spatial Attention Module, SAM）、上采样模块（Upsample）、卷积模块。

6.2.1　N-R-S-DeeplabV3+ 语义分割网络的重构编码器

N-R-S-DeeplabV3+ 语义分割网络将原 DeeplabV3+ 语义分割网络编码器结构中的特征提取网络模块替换为 ShuffleNetV2 网络模块，以其对氮化硅轴承缺陷图像进行缺陷特征提取；在对特征提取模块的结构进行重组之后，为进一步使重构 DeeplabV3+ 语义分割网络获取全局和本地上下文语义信息，从而对原 DeeplabV3+ 语义分割网络编码器结构中的空洞空间金字塔池化模块（ASPP）进行优化，对其中的标准空洞卷积（Dilated Convolution）替换为深度可分离膨胀卷积（DDSConv）；同时引入混合条带池化单元（Mixed Strip Pooling Unit）替换空间金字塔池化模块中的全局池化单元，进而在 ASPP 模块结构基础上构建成为新的 R-ASPP 模块。经 R-ASPP 模块中不同深度可分离膨胀卷积分支的特征提取，使多尺度的深层特征信息更加有效地聚合，通过图像拼接（Concat）操作，1×1 卷积操作最终在编码区结构端得到一个语义信息更加详细的深层特征图。

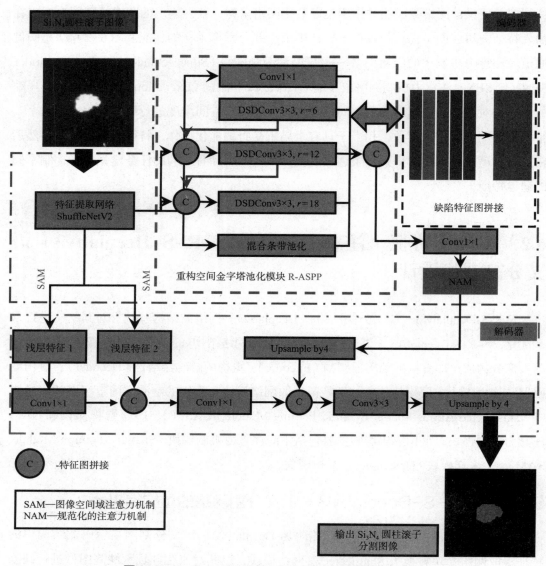

图6-3　N-R-S-Deeplabv3+ 语义分割网络的结构图

（1）氮化硅轴承显著性缺陷特征提取网络模块——ShuffleNetV2 网络模块

ShuffleNetV2 是在 2018 年由旷视科技团队提出的一种基于 ShuffleNetV1 结构的新型轻量级卷积网络，N-R-S-DeeplabV3+ 语义分割网络以优化的 ShuffleNetV2 网络为主干网络（Backbone），用以提取氮化硅轴承缺陷图像特征图，其结构参数如表6-1所示。其中 Stage Layer X（X=2, 3, 4）模块由不同数量的 Stage Block1、Stage Block2 构成，且第一个 Block 的 Stride=2。

表 6-1　N-R-S-DeeplabV3+ 语义分割网络的 ShuffleNetV2 网络模块结构参数

层名称	输出尺寸	卷积核尺寸	步长	重复次数	输出通道数
Image	224×224				3
Conv1	112×112	3×3	2	1	24
MaxPool	56×56	3×3	2		
Stage Layer2	28×28		2	1	116
	28×28		1	3	
Stage Layer3	14×14		2	1	232
	14×14		1	7	
Stage Layer4	7×7		2	1	464
	7×7		1	3	

Stage Block1、Stage Block2 分别为 ShuffleNetV2 网络结构的基本单元与空间下采样单元，其基本网络结构如图 6-4 所示。

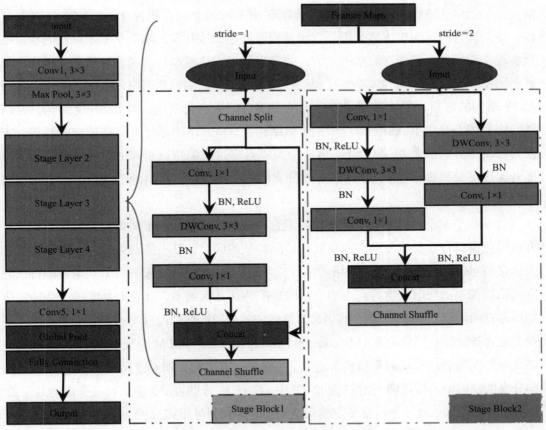

图 6-4　N-R-S-Deeplabv3+ 语义分割网络的 ShuffleNetV2 网络结构示意图

为满足在特征提取过程中，卷积层使用相同的输入输出通道数，ShuffleNetV2 网络结构的 Stage Block1 单元在 ShuffleNetV1 的 Block 单元基础上引入了通道拆分结构（Channel Split），Channel Split 操作将特征矩阵的通道拆分为通道数相同的两个分支，且 Stage Block1 单元的左侧分支结构的三个卷积输入输出通道数都是一样的；为减少网络碎片化，提高网络的并行化程度，故在 Stage Block1 单元的右侧分支结构不做任何处理；为提高模型的运算速度，需减少分组卷积的运用，故 ShuffleNetV2 网络结构的 Stage Block1 单元的左侧分支结构运用 2 个 1×1 卷积代替分组卷积；为减少 Element-wise 操作，ShuffleNetV2 网络结构的 Stage Block1 单元中的激活函数（ReLU）与深度卷积（DWConv）只分布在左侧分支结构中；在 Stage Block1 单元最后进行 channel shuffle。针对 ShuffleNetV2 网络结构的 Stage Block2 单元类型的 Block，即下采样的情况，就没有了通道拆分操作，最后，通道特征图拼接之后输出特征矩阵的通道数翻倍。并且在右侧分支结构中采取 3×3 的深度卷积操作。

（2）N-R-S-DeeplabV3+ 语义分割网络的重构空洞空间金字塔池化模块——R-ASPP

①重构空洞空间金字塔池化模块的深度可分离膨胀卷积。原 DeeplabV3+ 语义分割网络的 ASPP 结构使用的卷积操作为膨胀率不同的空洞卷积操作，膨胀率分别为 6、12、18，其目的是为扩大感受野。空洞卷积通过卷积核补零，输出非零采样点的卷积结果实现卷积操作，但随膨胀率的增大，非零采样点占比减小，信息获取量严重减少，信息利用率降低，学习到的缺陷特征相关性差，不利于缺陷检测网络的训练。基于上述对 ASPP 结构的分析，提出异感受野融合的空间金字塔池化结构，即 R-ASPP 结构，其网络结构如图 6-3 中 R-ASPP 模块所示。该结构在 ASPP 结构基础上将普通空洞卷积分支改为深度可分离膨胀卷积（DSDConv）分支，且通过缺陷特征矩阵的维度通道数目拼接提升深度可分离膨胀卷积（DSDConv）分支间的相关性，使输出的语义特征有效聚合多尺度的上下文信息。

②重构空洞空间金字塔池化模块的混合条带池化结构。标准图像全局池化结构为正方形池化窗口存在提取复杂空间位置的缺陷特征的同时往往不能获取各向空间尺度的相关信息的问题。因此，在进行网络训练时，为使 R-ASPP 结构能够在有效获取缺陷特征的空间依赖关系的同时，学习到更加丰富的缺陷特征几何细节，针对上标准图像全局池化操作存在的问题，R-ASPP 结构将 ASPP 结构中的全局池化结构分支（Imaging Pooling）替换为混合条带池化结构分支（Mixed Strip Pooling Module，MSPM），使 N-R-S-DeeplabV3+ 语义分割网络进一步获取全局和本地上下文信息，其结构如图 6-5 所示。假设 MSPM 结构分支的缺陷输入特征图（张量）为 Ω，其中，C, H, W 分别表示为输入特征张量的通道数，输入特征图的高、宽，则混合条带池化结构的数学模型可用式（6-1）表示。

$$\Omega = \text{Scale}\left\{x, \sigma\left[f(\frac{1}{W}\sum_{0 \leqslant j < W} x_{c,i,j})\right]\right\} + \text{Scale}\left\{x, \sigma\left[f(\frac{1}{H}\sum_{0 \leqslant i < H} x_{c,i,j})\right]\right\} \tag{6-1}$$

式中，$\boldsymbol{\Omega}$ 为具有全局先验的输出张量，Scale（ ）函数为元素之间乘法函数，σ 表示 Sigmoid 型激活函数，f（ ）代表 1×1 卷积操作。

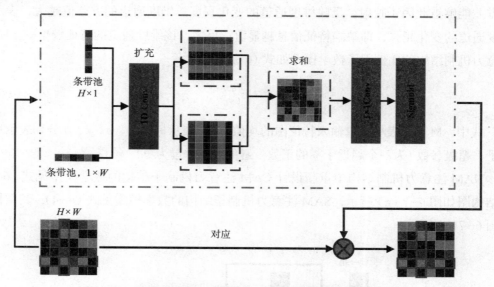

图 6-5　重构空洞空间金字塔池化模块的混合条带池化结构图

（3）嵌入 N-R-S-DeeplabV3+ 语义分割网络重构编码器的注意力机制

在基于图像语义分割网络的表面缺陷检测方法中，图像特征图的不同维度通道表示的缺陷特征信息不同，为更好获取输出特征图不同的维度通道所表达的缺陷信息，充分考虑不同维度间的相关性，N-R-S-Deeplabv3+ 语义分割网络在编码区采用了一种高效且轻量级的注意力机制结构——基于规范化的注意力机制（Normalization-based Attention Module, NAM）。该机制的网络结构是在 CBAM 注意力机制网络结构（图 6-6）的基础上，重新设计子通道注意力机制结构（Channel Attention Module, CAM）以及子空间注意力机制结构（Spatial Attention Module, SAM）。在 R-S-Deeplabv3+ 语义分割网络结构末端嵌入一个 NAM 注意力机制结构形成新的语义分割网络——N-R-S-Deeplabv3+ 语义分割网络。

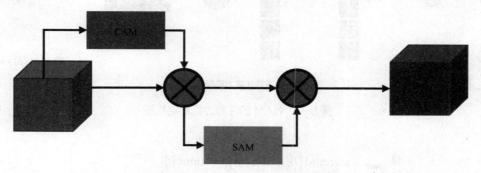

图 6-6　CBAM 注意力机制结构图

相对于残差网络结构，NAM 注意力机制结构被嵌入在残差结构的末端，通道注意力机制子结构使用批归一化（Batch Normalization，BN）中的比例因子，特征图的维度通道方差能够被此因子映射，反映维度通道的变化程度。维度通道的方差值越大，表示该维度通道的变化越强，即缺陷特征信息越显著；反之，该维度通道的特征较单一。NAM 注意力机制结构的比例因子数学模型如式（6-2）所示。

$$N_{\text{out}} = \text{BN}(N_{\text{in}}) = \alpha \left(\frac{N_{\text{in}} - \mu_{N_{\text{in}}}}{\sqrt{\sigma_{N_{\text{in}}}^2 + \varepsilon}} \right) + \beta \tag{6-2}$$

式中，$M_{N_{\text{in}}}$ 代表小批量输入特征图的均值，$\sigma_{N_{\text{in}}}$ 表示标准差，α、ε、β 分别表示尺度因子、超级参数（为一个趋近于零的正数，避免上式分母为零）、位移。

NAM 注意力机制结构中重新设计 CAM 注意力机制子结构的数学模型见式（6-3），其结构图如图 6-7（a）所示，SAM 注意力机制子结构的数学模型见式（6-4），其结构图如图 6-7（b）所示。

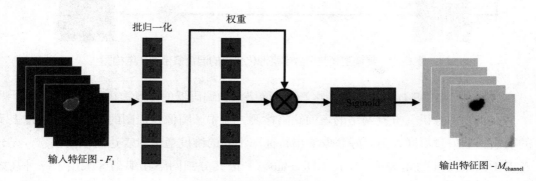

(a) CAM 通道注意力机制子结构

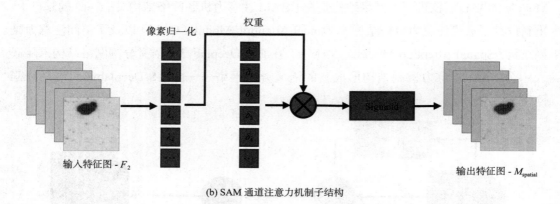

(b) SAM 通道注意力机制子结构

图6-7　NAM 的注意力机制结构图

$$M_{\text{channel}} = \text{sigmoid}\left\{ W_{\gamma}\left[\text{BN}(F_1) \right] \right\} = \text{sigmoid}\left(\frac{\gamma_i(\text{BN}(F_1))}{\sum_{j=0} \gamma_j} \right) \tag{6-3}$$

式中，$M_{channel}$ 表示 CAM 注意力机制子结构的输出特征，W_γ 代表此通道的权重，权值大小为 W_γ，γ_i 为第 i 维度通道的比例因子，F_1 表示 CAM 注意力机制子结构的输入特征。由结构图可知，SAM 注意力机制子结构的结构模型与 CAM 注意力机制子结构类似，故其数学模型也可在 CAM 注意力机制子结构的数学模型的基础上进行建模，如式（6-4）所示。

$$M_{spatial} = \text{sigmoid}\left\{ W_\lambda \left[\text{BN}_{spatial}(F_2) \right] \right\} = \text{sigmoid}\left(\lambda_i \left(\text{BN}_{spatial}(F_2) \right) \bigg/ \sum_{j=0} \lambda_j \right) \quad (6\text{-}4)$$

式中，$M_{spatial}$ 表示 SAM 注意力机制子结构的输出特征，W_λ 代表此通道的权重，权值大小为 W_λ，λ_i 为第 i 维度通道的比例因子，F_2 表示 SAM 注意力机制子结构的输入特征。为充分学习缺陷的浅层特征空间相关性，提高模型对缺陷特征的分割精度，解码区中获取来自特征提取网络模块的两个缺陷浅层特征，将其分别输入 NAM 机制结构中的 SAM 注意力机制子结构进行缺陷特征融合。

6.2.2　N-R-S-DeeplabV3+ 语义分割网络的重构解码器

为获得图像详细的几何信息，提高模型的分割精度，将原 DeeplabV3+ 语义分割网络的特征提取网络（提取骨干网络）替换为 ShuffleNetV2 网络，提取其两条浅层特征，经过空间注意力模块（SAM），对此两个特征进行维度拼接，完成浅层特征融合；将编码区结构中得到的深层特征图，经 4 倍双线性插值上采样，使深层特征图的尺寸大小调整至与浅层特征一样，并对深层特征图与拼接后的浅层特征图进行维度拼接，完成语义信息与空间信息的融合，使局部信息与全局信息得到有效的提取与保留；此后经 3×3 卷积、4 倍双线性插值上采样，使输出特征图恢复到输入图像尺寸。

6.3　N-R-S-DeeplabV3+ 网络识别氮化硅轴承显著性缺陷的检测实验

6.3.1　实验环境及相关参数设置

将采集的氮化硅轴承缺陷实时图像制备成氮化硅轴承缺陷数据集后，利用其对 N-R-S-Deeplabv3+ 语义分割网络进行训练，具体的网络参数设置如下：本次网络的训练分为两个阶段，① 利用 ImageNet 数据集对特征提取的骨架网络 ShuffleNetV2 网络进行分类训练，获取其训练权重。② 将此次针对的氮化硅轴承缺陷的 N-R-S-Deeplabv3+ 语义分割网络训练阶段分为冻结训练阶段与解冻训练阶段，冻结训练阶段利用迁移学习将①中的分类训练权重作为 N-R-S-Deeplabv3+ 语义分割网络在冻结训练阶段的预训练权重，此举目的是在提升 N-R-S-Deeplabv3+ 语义分割网络训练速度的同时，保留特征提取骨架网络 ShuffleNetV2 的权值参数。冻结训练阶段，冻结训练迭代次数（Freeze_Epoch）100 次，批大小（Freeze_Batch_size）为 16，学习率为 0.0005；解冻训练阶段，调整 N-R-S-Deeplabv3+ 语义分割网络参数，解冻训练迭代次数（UnFreeze_Epoch）为 100 次，批（Unfreeze_Batch_size）为 8，学习率设为 0.0005。

　　本章进行的 N-R-S-DeeplabV3+ 语义分割网络的氮化硅轴承缺陷的区域分割实验的实验环境、所用的氮化硅轴承缺陷语义分割数据集也为第 3 章中制作的数据集，在此相关内容不再进行过多赘述。

6.3.2　实验过程

　　与第 4 章中运用 DeeplabV3+ 语义分割网络进行的氮化硅轴承缺陷的检测实验过程基本相同，在此不再进行过多的描述。

6.4　氮化硅轴承显著性缺陷检测实验结果与分析

6.4.1　N-R-S-DeeplabV3+ 网络的训练过程分析

（1）训练过程

　　N-R-S-Deeplabv3+ 语义分割网络的训练过程损失函数变化曲线及训练过程的交并比变化曲线如图 6-8 所示。

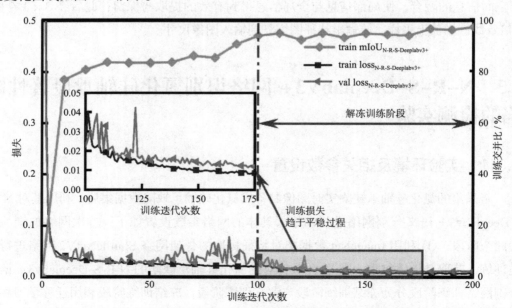

图 6-8　N-R-S-Deeplabv3+ 语义分割网络的损失函数曲线及交并比曲线图

随着迭代次数的增加训练损失（train loss）曲线逐渐收敛稳定，验证损失（val loss）曲线在冻结训练阶段波动较大，解冻训练阶段逐渐收敛稳定。均交并比损失（Train mIoU）曲线呈现上升趋势，并在解冻训练阶段平稳上升，其值在 95% 左右波动，说明 N-R-S-Deeplabv3+ 语义分割网络的训练过程中，NAM 注意力机制模块将氮化硅轴承圆柱滚子表面缺陷的特征图维度合理调节权重的分配，提高了对氮化硅轴承缺陷特征区域通道信息的学习能力以及抗干扰信息的能力。

（2）训练结果分析

为验证特征提取主干网络模块——ShuffleNetV2 网络模块、重构的空间金字塔池化模块——R-ASSP 模块、注意机制——NAM 模块的有效性，在基于 N-R-S-Deeplabv3+ 语义分割网络的氮化硅轴承显著性缺陷分割实验中，利用控制变量法进行了五组消融实验，以 Loss、Train mIoU、mIoU、mPA、SIPT 等作为训练阶段与测试阶段的评价指标，训练阶段的损失函数实验数据曲线图如图 6-9 所示。

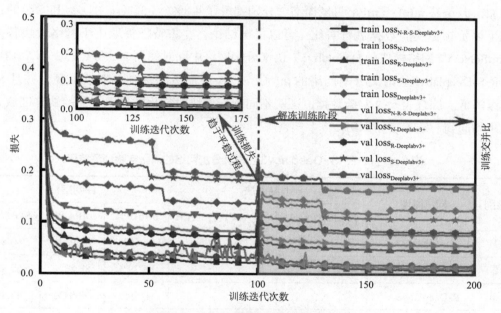

图 6-9　训练过程的损失函数曲线

图 6-9 中左侧 Y 轴表示训练阶段的损失值，右侧 Y 轴表示训练阶段的交并比值。通过比较图 6-9 中各组实验的损失、训练交并比实验数据曲线，可以发现 N-R-S-Deeplabv3+ 语义分割网络在训练阶段的效果最好，说明所提的各个模块对 N-R-S-Deeplabv3+ 语义分割网络在训练阶段的有效性都起到了一定作用；同时，观察各网络训练交并比曲线，N-R-S-Deeplabv3+ 语义分割网络的训练交并比曲线，在整个训练过程一直高于其他语义分割网络，在解冻训练后，即训练迭代次数 =100 之后，交并比曲线变化趋于稳定维持在 95% 以上。说明在训练过程 N-R-S-Deeplabv3+ 语义分割网络对氮化

硅轴承缺陷数据集的分割精度高。

6.4.2　氮化硅轴承显著性缺陷检测实验的预测结果分析

（1）N-R-S-Deeplabv3＋语义分割网络的消融实验结果分析

表6-2为提出的不同创新模块的消融实验预测结果的实验数据，通过比较①组和②组的 mIoU、mPA、SIPT 等预测结果的评价指标实验数据，可以发现将 Deeplabv3＋语义分割网络的特征提取主干网络替换为 ShuffleNetV2 网络模块，在 mIoU、mPA 分别提高了 2.2%、0.9% 的同时，SIPT 也大幅降低。分析②组和③组的实验数据，可知重构的空间金字塔池化模块——R-ASPP 模块在引入深度可分离膨胀卷积（DDSConv）的同时，将全局池化单元替换为混合条带池化单元，不仅使 mIoU、mPA 得到提高，SIPT 也得到降低。由②组和④组的预测结果的评价指标实验数据可知，对 Deeplabv3＋语义分割网络编码区的缺陷深层信息特征图使用注意力机制——NAM 模块，虽然 SIPT 略有增加，但是其 mIoU、mPA 明显提高，分别提升了 4.8%、4.31%。对④组和⑤组的预测结果评价指标实验数据进行对比，可以得出结论，在将特征提取主干网络模块替换为 ShuffleNetV2 网络模块的 Deeplabv3＋语义分割网络中同时使用 R-ASPP 模块、NAM 模块，N-R-S-Deeplabv3＋语义分割网络的 mIoU、mPA 在前者的基础上继续提高，并且 SIPT 继续降低。综合表6-2实验数据，证明不同创新模块对氮化硅轴承表面的缺陷区域分割效果均起到一定程度的作用。

表6-2　N-R-S-Deeplabv3＋语义分割网络的消融实验预测结果

组别	网络模型	消融模块			评判指标		
		ShuffleNetV2	R-ASPP	NAM	mIoU/%	mPA/%	SIPT/ms
①	Deeplabv3＋				86.58%	88.97%	60.84
②	S-Deeplabv3＋	√			88.79%	89.83%	59.88
③	R-Deeplabv3＋	√	√		90.89%	92.83%	43.46
④	N-Deeplabv3＋	√		√	91.38%	93.28%	61.25
⑤	N-R-S-Deeplabv3＋	√	√	√	94.25%	96.45%	44.23

注：√代表在 Deeplabv3＋语义分割网络中嵌入该模块。

（2）氮化硅轴承显著性缺陷检测的预测结果分析

为验证 N-R-S-Deeplabv3＋语义分割网络对氮化硅轴承缺陷的预测效果，利用制备的氮化硅轴承缺陷数据集，以 IoU、PA、Pr 作为该网络对缺陷分割效果的评价指标，以氮化硅轴承圆柱滚子表面的裂纹、凹坑、划痕、磨损四种缺陷对 N-R-S-Deeplabv3＋语义分割网络的分割性能进行测试。图6-10为 N-R-S-Deeplabv3＋语义分割网络对氮化硅轴承表面的裂纹、凹坑、划痕、磨损四种缺陷区域分割的评价指标的实验数据。

从图 6-10 的 IoU 实验数据柱状图可以直接看出 N-R-S-Deeplabv3＋语义分割网络对氮化硅轴承缺陷区域分割精度均在 93% 以上，并且对测试集中的划痕缺陷区域的分割精度最高，为 96.58%，凹坑缺陷区域的分割精度最低，为 93.26%。相对提高了缺陷区域的分割精度。PA 表征氮化硅轴承缺陷的测试集中预测正确的缺陷区域像素数占总预测值的比例，由图 6-10 中的实验预测结果评价指标数据可知，N-R-S-Deeplabv3＋语义分割网络对氮化硅轴承圆柱滚子表面的各类缺陷的 PA 值均达到 95% 以上，即对各类缺陷有很好的识别能力，该网络对划痕缺陷区域的 PA 值为 96.8%，最高，代表 N-R-S-Deeplabv3＋语义分割网络对氮化硅轴承圆柱滚子表面的划痕缺陷区域更容易识别。从实验数据的 Pr 值可以看出，N-R-S-Deeplabv3＋语义分割网络对氮化硅轴承圆柱滚子表面的磨损缺陷区域的分类能力较低，原因是 Pr 值代表着氮化硅轴承显著性缺陷的测试集的预测结果中，某类别缺陷预测正确的概率，Pr 值越大，意味着 N-R-S-Deeplabv3＋语义分割网络对该类缺陷的分类能力越强，不易将其错误地划分为其他类别的缺陷。因此 N-R-S-Deeplabv3＋语义分割网络对氮化硅轴承缺陷的分类能力由高到低依次为划痕、凹坑、裂纹、磨损。

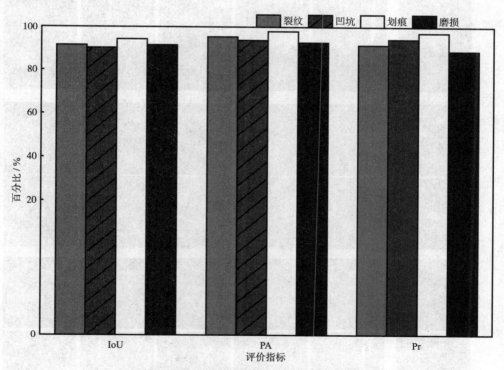

图 6-10　氮化硅轴承缺陷的预测结果评价指标

（3）不同语义分割网络对氮化硅轴承显著性缺陷的分割效果

为直观对比提出的 N-R-S-Deeplabv3＋语义分割网络与 Deeplabv3＋语义分割网络对氮化硅轴承显著性缺陷区域的分割效果，以及所提的创新模块对 N-R-S-Deeplabv3＋语义分割网络分割氮化硅轴承缺陷区域的影响，对表 6-3 中五组网络对氮化硅轴承缺陷区域的分割图进行可视化分析。图 6-11 为不同语义分割网络对氮化硅轴承缺陷的分割结果图。

观察图 6-11 中氮化硅轴承圆柱滚子表面各类缺陷的分割图，对四种缺陷在不同网络的分割图对比过程中可以发现，所提的创新模块嵌入 Deeplabv3＋语义分割网络，有助于该网络对氮化硅轴承缺陷区域细节特征的提取，但仅嵌入 R-ASPP 模块，没有添加注意机制的 NAM 模块会造成缺陷区域的过分割，容易将背景区域分割为缺陷区域。同时嵌入 R-ASPP 模块和 NAM 模块并且将特征提取主干网络模块替换为 ShuffleNetV2 网络模块的 N-R-S-Deeplabv3＋语义分割网络对缺陷区域的分割效果明显优于 Deeplabv3＋语义分割网络对氮化硅轴承缺陷区域的分割效果。

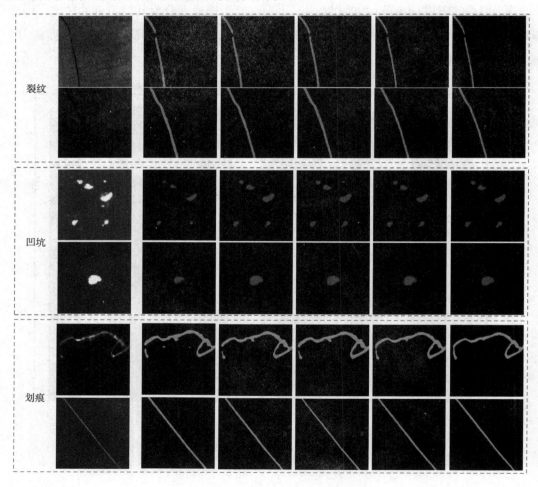

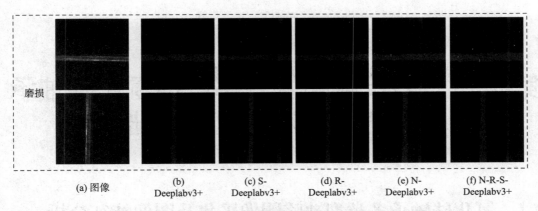

图6-11　不同语义分割网络对氮化硅轴承缺陷的分割效果

综上，由实验数据可以发现，N-R-S-Deeplabv3＋语义分割网络对氮化硅轴承显著性缺陷的 mIoU 比 Deeplabv3＋语义分割网络的 mIoU 高 7.67%，N-R-S-Deeplabv3＋语义分割网络对氮化硅轴承显著性缺陷的 mPA 与 Deeplabv3＋语义分割网络的 mPA 相比，高 7.57%；说明在氮化硅轴承缺陷分割此实际场景中，提出的 N-R-S-Deeplabv3＋语义分割网络对氮化硅轴承缺陷的区域分割精度优于 Deeplabv3＋语义分割网络。从单张图片预测时间（SIPT）数据看，N-R-S-Deeplabv3＋语义分割网络在对单张氮化硅轴承缺陷图像进行缺陷区域分割时所花费的时间比 Deeplabv3＋语义分割网络所用时间少 16.61ms，说明提出的 N-R-S-Deeplabv3＋语义分割网络提高了缺陷区域分割效率。

第7章 多尺度图像分解识别氮化硅轴承多类型缺陷的理论基础

7.1 氮化硅轴承多类型缺陷图像采集及图像特征分析

氮化硅轴承表面图像采集的质量直接影响后续的图像处理过程，为采集到高质量的氮化硅轴承表面图像，针对氮化硅轴承表面特征，搭建基于机器视觉的氮化硅轴承表面图像采集平台，实现氮化硅轴承表面图像的采集。采集到的氮化硅轴承表面图像中既包含缺陷区域，也包含无缺陷背景区域。为进一步明确表面图像的信息特征，对氮化硅轴承表面图像进行分析，明确氮化硅轴承表面图像缺陷区域与无缺陷区域的灰度差异性及分布规律。

7.1.1 氮化硅轴承多类型缺陷图像采集系统

对氮化硅轴承表面进行超声清洗，去除外部杂质后，对其表面图像进行采集。针对氮化硅轴承表面存在各类缺陷，分析氮化硅轴承表面特性，自主搭建基于机器视觉的氮化硅轴承表面质量检测平台，实现氮化硅轴承表面图像的采集、图像增强、图像处理，完成氮化硅轴承表面的缺陷检测工作。图 7-1 所示为搭建的氮化硅轴承表面质量无损检测平台示意图。

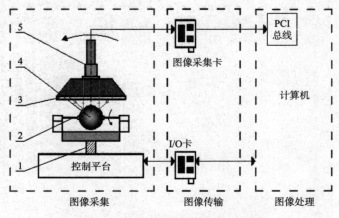

图 7-1 视觉无损检测平台示意图

1—控制平台 2—LED 光源 3—定位装置 4—氮化硅轴承 5—CCD 相机

该无损检测平台主要包括图像采集模块、图像传输模块和图像处理模块。图像采集模块主要包含氮化硅轴承固定平台、CCD 相机、穹顶光源等，通过固定平台与控制系统的配合，实现氮化硅轴承的转动及球面展开，通过调节 CCD 相机及穹顶光源，实现氮化硅轴承表面图像的采集。图像采集完成后，通过图像传输模块，将采集的氮化硅轴承表面图像存储于计算机中，完成氮化硅轴承表面质量图像数据集的建立。采用建立的氮化硅轴承表面图像数据集，通过计算机，建立氮化硅轴承表面图像检测算法，实现氮化硅轴承表面图像的增强与检测，完成表面质量分析。

7.1.2　氮化硅轴承多类型缺陷图像特征分析

通过视觉无损检测平台对氮化硅轴承表面质量图像进行采集，获得像素大小为 160×80 的表面图像。为有效地对氮化硅轴承表面质量进行检测，需对氮化硅轴承表面图像的二维图像进行分析并进一步阐述缺陷形成机理，为其表面质量检测奠定基础。

建立氮化硅轴承表面质量图像数据集，分析各图像的视觉特征，可将氮化硅轴承表面质量图像分为缺陷图像和无缺陷图像。其中，缺陷图像中，根据缺陷的几何特征及形成机制，可将其表面缺陷细分为裂纹缺陷、划痕缺陷、雪花缺陷、凹坑缺陷和磨损缺陷。图 7-2 所示为氮化硅轴承及其典型的表面质量图像。其中图（a）为待测的氮化硅轴承，经前期超声清洗后，表面光滑无杂质，将其置于无损检测平台中进行表面质量检测。采集的质量图像如图 7-2（b）~（g）所示，图 7-2（a）为典型的裂纹缺陷，裂纹缺陷是在加工过程中粗磨阶段，研磨盘与氮化硅轴承相互冲击，在材料表面的气孔、夹杂物等材料固有缺陷处形成并不断扩展的；分析采集的表面裂纹缺陷图像，裂纹缺陷具有明显边缘特征，与无缺陷表面分界清晰，呈长线型，裂纹长度分布在 100~700μm 之间，裂纹缺陷在氮化硅轴承运行阶段会进一步扩展，是导致氮化硅轴承早期失效的主要原因。图 7-2（c）是采集的典型的划痕缺陷，氮化硅轴承表面划痕缺陷是在粗磨阶段，由于氮化硅轴承之间或氮化硅轴承与研磨体之间的相互碰撞、挤压作用，导致磨粒在氮化硅轴承滑动，并伴随挤压力，导致氮化硅轴承表面材料划落形成的；划痕缺陷具有明显的带状结构特征，划痕缺陷的宽度可达到 30~90μm，面积较大，在运行过程中，划痕缺陷区域会进一步扩展，导致表面材料脱落。图 7-2（d）为雪花缺陷图像，雪花缺陷又称为变色缺陷，是在氮化硅轴承烧结制备过程中，晶体结构转变差异引起的，雪花缺陷区域的晶体结构决定了其抗磨损能力要低于正常区域，在运行过程中，雪花缺陷区域易发生剥落现象；分析雪花缺陷图像，其表面为大面积的白色斑状缺陷，无明显边缘特征。图 7-2（e）为凹坑图像特征，氮化硅轴承表面凹坑缺陷是由于在研磨阶段，磨粒在氮化硅轴承的相互挤压作用下，压入表面局部较软部分形成的，分析凹坑缺陷图像，缺陷边缘具有明显层状结构，凹坑缺陷是在各级磨粒的挤压作用下不断扩展形成的；凹坑缺陷具有明显的边缘特征，面积较小。图 7-2（f）为磨损缺陷，其是在研磨过程中，大量的磨粒在氮化硅轴承与研磨机构的带动作用下，与氮化硅轴承发生相对运动形成的，磨损缺陷呈清晰的带状结构，磨损缺陷区域内可见明显的磨损痕迹，面积较大，磨损宽度可达300~1000μm。图7-2（g）为氮化硅轴承无缺陷表面图像，表面均匀无杂质，具有光滑平整的视觉特征。

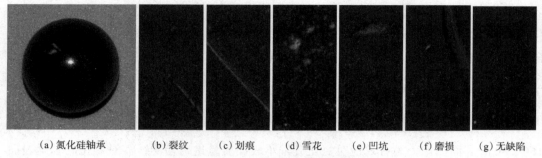

　（a）氮化硅轴承　　　（b）裂纹　　（c）划痕　　（d）雪花　　（e）凹坑　　（f）磨损　　（g）无缺陷

图7-2　氮化硅轴承及表面图像

7.1.3　基于机器视觉的氮化硅轴承多类型缺陷检测关键技术分析

基于机器视觉的氮化硅轴承表面缺陷检测主要是通过搭建的图像采集平台获取氮化硅轴承表面图像后，采用有效的图像处理方法，实现氮化硅轴承表面缺陷的检测。整个过程主要包含图像采集、图像预处理、缺陷定位、缺陷识别四个部分。氮化硅轴承表面缺陷检测流程示意图如图7-3所示。

图7-3　氮化硅轴承表面缺陷检测流程示意图

（1）图像采集

图像采集是基于图像采集系统对氮化硅轴承表面图像进行扫描获取。通过图像采集系统将获取的氮化硅轴承表面图像信息通过图像采集卡转换成数字信号，并传输到计算机中进行图像处理工作。图像采集系统主要包含 CCD 相机、光源、图像采集卡等，各部件相互配合，选取合适的参数，采集氮化硅轴承表面高质量原始图像，便于后续的图像处理。

（2）图像预处理

图像预处理主要是通过对采集到的氮化硅轴承表面图像进行灰度校正、滤波等操作实现表面图像中无关信息的消除，并增强表面图像中目标信息的可检测性，从而提高后续图像分割、特征提取、缺陷识别的可靠性。

（3）缺陷定位

缺陷定位主要是将经过图像预处理的图像进行图像分割，将目标缺陷信息从整体图像中分割出来，与无缺陷区域形成鲜明对比，以便对表面缺陷目标进行下一步的提取识别，提高特征提取等操作的效率。

（4）缺陷识别

缺陷识别主要是通过对缺陷二值图像及灰度图像进行特征提取，并对提取的特征量进行分解、降维等操作，将大量的特征数据映射到低维度空间，以提取独立性强且数量少的能表述氮化硅轴承表面缺陷特征信息的数据。基于提取的特征向量，采用合适的分类模型，对缺陷进行识别及分类操作。

基于上述过程，在进行检测氮化硅轴承表面缺陷检测过程中，只有当每个步骤的处理结果都达到预期要求，在进行下一步检测时，最后的检测结果才能更加精准。因此，为保证氮化硅轴承表面缺陷检测的有效性，必须保证每一个步骤都选择适合上一步结果图像的检测算法。

为对氮化硅轴承表面缺陷进行高精度检测，目前对基于机器视觉的氮化硅轴承表面缺陷技术研究主要集中于如何提高氮化硅轴承表面图像目标区域与无关区域的对比度。由于图像采集过程中及系统的工作状态及工作环境的影响，图像在传递过程中不可避免的噪点，影响图像的检测，对目标缺陷信息产生一定的干扰。所以，为保证氮化硅轴承表面图像的正确分割，应研究相应的图像增强算法，提升氮化硅轴承表面检测的质量。

7.2　氮化硅轴承多类型缺陷多维度图像处理数理模型

为实现氮化硅轴承表面质量的检测与分析，采集表面图像后，根据表面图像的特征，采用合适的图像处理方法，增强目标区域与背景区域的对比度，并消除图像中存在的噪点，以提高表面缺陷检测的精度。

7.2.1　氮化硅轴承多类型缺陷图像去噪

氮化硅轴承表面图像预处理实质上是表面图像的去噪过程，主要是为了按检测需求，适当地对氮化硅轴承表面缺陷图像进行前期处理，突出相应的需求特征。针对氮化硅轴承表面图像特征，常采用的图像处理方法主要有中值滤波、均值滤波、高帽变换。

（1）中值滤波

中值滤波具有较好的消除噪声及保护图像边缘的能力，可以在消除氮化硅轴承表面图像中异常噪点的同时，保存图形中目标缺陷的边缘特征。中值滤波是一种基于排序理论的非线性信号处理滤波器。通过设定的滤波器移动窗口大小，将窗口中的信号进行大小排列, 将数据的中位数代替模中间位置信号值, 在图像处理中, 即将窗口中的灰度值大小进行排列, 以进行图像的滤波。以下为一维的中值滤波器:

$$f_k = \text{med}\{f_{k-N}, f_{k-n+1}, \cdots, f_{k+n-1}, f_{k+n}\} \tag{7-1}$$

式中: k 为整数, 滤波器窗口大小为 $2n+1$。对 $[f_{k-n}, f_{k+n}]$ 按大小顺序进行排序, 确定窗口内的中位数大小, 并令 f_k 的值为中位数大小, 其他值不变, 通过移动窗口, 实现数据的中值滤波。

在数字图像的处理中, 常采用含有奇数点边长的正方形移动窗口对二维滤波器数字图像进行滤波。如下为二维中值滤波器:

$$f(x,y) = \text{med}\{f(x-n, y-n), \cdots, f(x+n, y+n)\} \tag{7-2}$$

式中: n 为整数, 滤波器窗口大小为 $(n+1) \times (n+1)$。对移动窗口中的灰度值按大小顺序进行排列, 并令窗口最中心位置的灰度值为中位数大小。如图 7-4 为图像中值滤波的原理示意图, 其中移动窗口大小为 3×3。

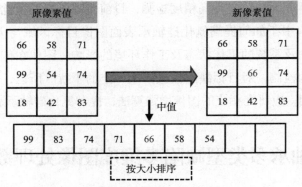

图 7-4　中值滤波示意图

(2) 均值滤波

均值滤波是一种线性滤波器, 是根据滤波器移动窗口内的均值来实现滤波操作的。其求出窗口内所有数据的平均值代替窗口中心位置的数据。均值滤波响应快速、运算简单, 但由于其滤波原理的局限性, 导致其在降低图像细小噪点的同时, 图像的边缘特征也被模糊化, 导致图像整体模糊, 弱化了图像的目标边缘特征。均值滤波采用式 (7-3) 计算窗口中心位置的值。其中 $f(x,y)$ 为移动窗口内数据, $g(x,y)$ 为求得的中心位置的值。

$$g(x,y) = \frac{1}{N} \sum f(x,y) \tag{7-3}$$

图 7-5 为 3×3 移动窗口的均值滤波原理示意图。通过计算窗口内 9 个像素的均值, 以更新窗口中心位置的像素值。将移动窗口从左到右、从上到下遍历全部数据, 实现数字图像的均值滤波。

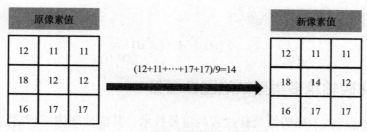

图 7-5　均值滤波示意图

（3）高帽变换

由于氮化硅轴承表面的特征属性，其采集的表面质量图像易出现关照不均匀等现象。高帽变换属于数字图像的形态学操作，将集合的理念引入数字图像处理与分析过程中。图像数学形态学的基本操作有膨胀、腐蚀、开运算和闭运算。基于这些基本操作，可以推导及组合成各种形态学运算。膨胀可以将目标周围的背景的点融合到目标中，可以实现两个区域的连通，填补图像中的空洞区域，腐蚀运算可以消除小于结构元素的明亮区域。通过膨胀、腐蚀运算的组合，可以有效地消除图像中光照不均匀的现象。设 A 为输入图像，B 为结构元素，D_A、D_B 为输入图像 A 和结构元素 B 的定义域，则腐蚀和膨胀运算如下：

腐蚀运算：

$$(A\Theta B)(s,t) = \min\{f(s+x,t+y) - \cdots b(x,y)\times(s+y)\} \tag{7-4}$$

膨胀运算：

$$(A \oplus B)(s,t) = \max\{f(s-x,t-y) - \cdots b(x,y)\times(s-x)\} \tag{7-5}$$

式中：$\oplus$ 和 Θ 分别表示膨胀和腐蚀运算。s，t，x，y 为变量。其中 $(t+y)\in D_A$，$(t-y)\in D_A$，$(x,y)\in D_B$。

通过对腐蚀和膨胀运算的组合，可以实现开运算和闭运算，通过对输入图像 A 先进行腐蚀运算，再进行膨胀运算，就完成了对输入图像 A 的开运算。而闭运算则是先进行膨胀运算再进行腐蚀运算。通过腐蚀与膨胀运算的先后顺序可知，开运算在消除细小细节及边缘平滑上更有优势，而闭运算更能融合图像，填补缺口。开运算及闭运算基本公式如下：

开运算：

$$A \bullet B = (A\Theta B) \oplus B \tag{7-6}$$

闭运算：

$$A \bullet B = (A \oplus B)\Theta B \tag{7-7}$$

高帽变换是数学形态学中一种重要的算法，是原始图像与其开运算的减法运算的结果，数学定义为：

$$T(A) = A - (A \mathring{} B) \tag{7-8}$$

7.2.2 氮化硅轴承多类型缺陷图像增强

图像增强处理技术是图像处理过程的重要技术，其能使图像得到适宜的增强，在去除噪声的同时，保护获增强目标区域特征、增强图像的可辨识度及目标缺陷的可检测性。图像增强主要有基于空域的图像增强方法和基于频域的图像增强方法。

（1）基于空域的图像增强方法

基于空域的图像增强方法是直接作用图像像素的增强方法。在图像处理过程中，灰度变换增强通过对独立的像素点进行处理，改变原始图像数据的灰度范围，从而改善图像质量。灰度变换模型主要有线性灰度变换、分段线性灰度变换和非线性灰度变换。通过相应的灰度变换模型，对原始图像的各像素点灰度值进行处理，实现图像的灰度增强。

线性灰度增强是将数字图像中所有的像素点灰度值依照线性变换函数进行处理。如图7-6所示为线性变换流程图。在空间域中，将图像中的灰度值依照变换函数进行运算，得到增强图像 $g(x, y)$。

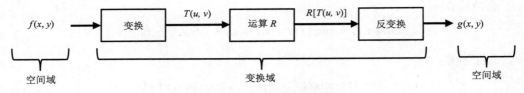

图7-6 线性变换操作原理图

设输入图像为 $f(x, y)$，变换后的图像为 $g(x, y)$，输入图像的灰度范围在 $[l, h]$ 内，若想通过灰度变换后，将图像的灰度值扩展到 $[L, H]$ 内，则线性灰度变换的表达式如式（7-9）所示。

$$g(x, y) = \frac{H - L}{h - l} \times [f(x, y) - l] + L \tag{7-9}$$

图像的灰度分布具有不确定性，规律性较差，在进行灰度变换时，单一的线性灰度变换较难一次性实现图像的有效增强。为根据图像灰度分布特征进行有针对性的灰度增强，会使用分段式线性灰度增强对图像进行处理。分段式线性灰度增强，可根据图像中灰度主要分布范围，对主要灰度区域进行扩展增强，并压缩一些不需要的细节灰度。设图像的主要增强区域灰度分布在 $[l, h]$，需要将其扩展到 $[L, H]$，为了突出图像中的目标区域，常采用三段式变换法，如式（7-10）所示：

$$g(x,y) = \begin{cases} \left(\dfrac{L}{l}\right) f(x,y) & 0 \leqslant f(x,y) < l \\[2mm] \left[\dfrac{H-L}{h-l}\right][f(x,y)-l] + L & l \leqslant f(x,y) \leqslant h \\[2mm] \left[\dfrac{N-l}{M-h}\right][f(x,y)-h] + H & h \leqslant f(x,y) \leqslant M \end{cases} \tag{7-10}$$

式中：M 是输入图像中灰度最大值；N 是变换后的最大值。经过三段式线性灰度变换，有效地对 $[l, H]$ 内的灰度进行增强，对 $[0, l]$ 和 $[h, M]$ 区间内的灰度进行压缩。通过对区间不同的取值，可实现图像的不同的增强效果。

非线性变换是基于非线性函数，对输入图像的灰度值进行处理，以完成输入图像的非线性灰度变换。在非线性变换中，主要有指数变换和对数变换。式（7-11）为指数变换，输入图像 $f(x,y)$ 的像素值与变换后的输出图像对应的像素值呈指数关系。其中 b 为底数。

$$g(x,y) = b^{f(x,y)} \tag{7-11}$$

为了加强图像的变换效果，增加灰度变换区域，对灰度传统公式进行修正，适当引入调制参数，以实现改变变换曲线的初始特征值。引入调制参数后，指数变换公式为：

$$g(x,y) = b^{c[f(x,y)-a]} - 1 \tag{7-12}$$

与指数变换相似，对数变换也是非线性变换的一种。在图像对数变换中，其变换函数为对数函数，输入图像的像素值与输出图像对应的像素值呈对数关系。典型的对数变换公式为：

$$g(x,y) = \lg[f(x,y)] \tag{7-13}$$

为了加强图像的变换效果，增加灰度变换区域，对传统公式进行修正，适当引入调制参数，以实现改变变换曲线的初始特征值。引入调制参数后，对数变换公式为：

$$g(x,y) = a + \frac{\ln[f(x,y)+1]}{b \times \ln c} \tag{7-14}$$

式中：a, b, c 为可选择的参数。

（2）基于频域的图像增强方法

基于频域的图像增强方法，实质上是利用图像变换方法将输入图像从空间域转换到频率域，并通过相应的处理方法对图像的频率域进行处理，最后再通过逆变换，由频率域变换回空间域。在对图像进行变换时，常采用傅里叶变换对图像进行处理，以实现空间域与频率域的变换。在对数字图像进行处理时，由于数字图像是以像素值矩阵形式存在，故采用二维离散傅里叶变换对数字图像进行处理，二维傅里叶变换为：

$$F(u,v) = \frac{1}{M \times N} \sum_{x=0}^{M-1} \sum_{y=0}^{N-1} f(x,y) \exp\left[-j2\pi\left(\frac{ux}{M} + \frac{vy}{N}\right)\right] \tag{7-15}$$

式中：$f(x,y)$ 为输入图像，$F(u,v)$ 为对应的傅里叶变换后的图像，$M \times N$ 为输入图像的大小。(u,v) 为输入图像中 (x,y) 位置对应的傅里叶图像中的坐标。通过傅里叶变换，图像从空间域变换到频率域，进而对图像进行下一步处理，加强目标信息，最后，通过傅里叶逆变换得到最终的增强图像。傅里叶逆变换为：

$$f(x,y) = \frac{1}{N^2} \sum_{u=0}^{N-1} \sum_{v=0}^{N-1} F(u,v) \exp[j2\pi(ux+vy)/N] \tag{7-16}$$

在频率域中，根据处理目的，设计适宜的函数对图像进行处理。主要是针对图像中高频及低频部分进行处理。常采用的滤波器有低通滤波器、高通滤波器。

在图像处理过程中，噪声信息主要集中在高频部分，为有效地消除噪声的影响，消除高频部分特征，保留低频目标细节，采用低通滤波器对傅里叶变换后图像进行处理，最后通过傅里叶逆变换得到滤波图像。低通滤波器表达式为式（9-17），其中 $F(u,v)$ 为输入图像的傅里叶变换域，$H(u,v)$ 是传递函数，$G(u,v)$ 是经过变换后的傅里叶变化图像。低通滤波的特点主要是通低频阻高频，可变换传递函数 $H(u,v)$，根据输入图像特点，实现不同的滤波效果，常用的低通滤波器主要有理想低通滤波器、巴特沃斯低通滤波器、梯形低通滤波器和指数低通滤波器。

$$G(u,v) = F(u,v)H(u,v) \tag{7-17}$$

经过傅里叶变换后，图像从空间域转换到频率域中，通过设定低通滤波传递函数及其截止频率，完成滤波，设定 D_0 为截止频率，表示截止频率点到傅里叶平面原点的距离，$D(u,v)$ 是点 (u,v) 距原点的距离。则各低通滤波器传递函数如下。

理想低通滤波器的传递函数为：

$$H(u,v) = \begin{cases} 1 & D(u,v) \leqslant D_0 \\ 0 & D(u,v) > D_0 \end{cases} \tag{7-18}$$

n 阶巴特沃斯低通滤波器的传递函数为：

$$H(u,v) = \frac{1}{1 + \left[\dfrac{D(u,v)}{D_0}\right]^{2n}} \tag{7-19}$$

梯形低通滤波器的转移函数为：

$$H(u,v) = \begin{cases} 1 & D(u,v) \leqslant D' \\ \dfrac{D(u,v) - D_0}{D' - D_0} & D' < D(u,v) < D_0 \\ 0 & D(u,v) > D_0 \end{cases} \tag{7-20}$$

指数低通滤波器的转移函数为：

$$H(u,v) = \exp\left\{-[D(u,v)/D_0]^n\right\} \tag{7-21}$$

高通滤波器则与低通滤波器相反，使高频分量通过，阻止低频分量。在数字图像中，图像的边缘信息和目标细节主要存在于高频分量中，而图像模糊的根本原因是边缘特征和细节特征不明显，以及高频分量较弱造成的，高通滤波器可以有效地对高频分量进行加强，并抑制低频分量，从而突出图像的边缘特征，消除模糊。常用的高通滤波器主要有理想高通滤波器、巴特沃斯高通滤波器、梯形高通滤波器和指数高通滤波器。

7.2.3　氮化硅轴承多类型缺陷图像分割

图像分割是通过相应的分割方法将数字图像分为多个像素结合的过程。其目的是获取目标区域的特征，削弱其他无关区域对图像分析的影响。为了较好地对目标区域进行识别和分类，提取最能体现目标区域的特征信息，需要选取合适的分割方法对目标区域进行精准分割。针对图像分割，主要有基于阈值的图像分割方法、基于区域的图像分割方法和基于边缘的图像分割方法。

（1）基于阈值的表面图像分割方法

基于阈值的表面图像分割方法是根据选取适宜的灰度临界值，通过临界值，将图像的灰度值分成相应的区域集合。通常，会将大于临界值的灰度值设定成一个统一的灰度值，一般为 1；将小于临界值的灰度值设置成 0。通过选取的临界值对图像回复进行分类，这样得到的图像只有两个灰度值，得到图像的二值图像，两者对比度大，目标缺陷的可识别度明显，变换公式见式（7-22）。

$$g(x,y) = \begin{cases} 1 & f(x,y) \geqslant T \\ 0 & f(x,y) < T \end{cases} \tag{7-22}$$

式中：$f(x,y)$ 为输入图像，$g(x,y)$ 为变换后的图像，T 为阈值。分析式（7-22）可知，基于阈值的图像分割方法对图像进行分割，其核心要素是阈值的选取，选择一个合适的阈值，可以避免图像的过分割和欠分割现象，使图像的目标区域得以完整地分割出来。而根据阈值的求定方法，常用的选取阈值的方法有直方图峰谷法、最大类间方差法和最大熵自动阈值法等。

（2）基于区域的表面图像分割方法

基于区域的表面图像分割方法主要有区域生长和区域分裂合并，基于区域的图像分割方法在进行图像分割时，前一步的处理结果会影响后续步骤的选定。

区域生长是指将具有相同属性的像素或者区域扩展成更大的区域的过程。区域生长需要从种子点的集合开始，对需要进行分割的区域选取一个种子像素，以该像素为生长点，然后根据种子像素的特征，将具有与种子像素一致属性的像素点与种子像素进行合并，并在进行处理过程中，将与种子像素具有一致属性的像素点作为新的种子像素进行以上过程，直到没有一致属性的像素与之合并。此时，得到相应的特征区域。生长区域从一点出发，通过不断合并具有相同属性的像素点，进而实现目标区域的提取。

分裂合并首先将输入图像通过一定的分割方法分割得到较多的小区域，再根据一定的合并准则，将满足合并准则的相邻小区域合并为一个区域，直至所有满足合并准则的区域都被合并成一个区域。在进行图像分割过程中，易出现过分割现象，通过区域分裂合并可有效将相邻的区域按照合并准则合并起来。

（3）基于边缘检测的表面图像分割方法

图像的边缘信息是图像最基本的特征，灰度或结构信息发生突变的位置称为边缘。基于边缘检测的图像分割方法实质上就是采用某种方法提取图像中的目标区域与背景区域的分界线，以达到分割图像的目的。在数字图像中，边缘信息复杂，图 7-7 所示为常见的边缘模型的理想表示。

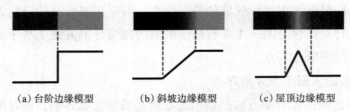

(a) 台阶边缘模型　　　(b) 斜坡边缘模型　　　(c) 屋顶边缘模型

图 7-7　边缘灰度模型示意图

在图像检测过程中，由于图像采集系统的性能、采样率和获取图像的照明条件等因素的影响，得到的边缘往往是模糊的，且图中几乎含有所有的边缘模型。图像的边缘具有方向性和相应的幅度大小，为了得到边缘，可以通过一阶导数或者二阶导数获得。在进行边缘检测时，常采用的一阶微分算子有 Roberts 算子、Sobel 算子和 Canny 算子等。

7.3　基于高斯模型—图像多尺度分解耦合算法的图像增强理论

7.3.1　图像灰度曲线高斯拟合函数

在数字图像处理过程中，为进一步分析图像中目标区域与背景区域的相关特征，常采用灰度概率分布的方法对图像进行分析。基于图像的灰度统计特征，根据数字图像的灰度分布曲线，确定灰度分布的规律性与可预判性，在这个过程中，常采用高斯模型对图像的特征进行拟合。针对图像的灰度曲线，常采用一维高斯模型对曲线进行分析。

$$f(x,y) = \frac{1}{\sqrt{2\pi}\sigma} \exp\left[-\frac{(x-\mu)^2}{2\sigma^2}\right] \tag{7-23}$$

式中：σ 表示输入图像的像素方差，μ 是输入图像的像素均值。此外，一维高斯分布具有对称性，关于 μ，所以在图像的统计特征分析时，可根据统计曲线的分布状态，初步判定是否符合高斯模型的分布规律。并且，通过分析高斯模型公式可知，σ 越大，x 位置的概率值就越小，说明曲线越平缓；而如果 σ 小，x 的概率就大，说明曲线是瘦高的，概率分布比较集中。

7.3.2　图像二维离散小波多尺度分解

小波变换是基于傅里叶变换进行的，但其要优于傅里叶变换，可以通过信号的频率变化，自主调整窗口形状。在数字图像处理过程中，小波变换常用来对图像进行二维分解，得到不同空间及不同频率的分解系数图像。如图 7-8 所示是图像的二级小波变换分解的示意图。输入的数字图形经过小波变换分解过程中，首先进行二维离散小波分解过程，对于数字图像进行行分解，得到低频分量 L 和高频分量 H。然后再对其进行列分解，得到低频分量 LL_1、高频分量 HH_1，水平方向低频信号和垂直方向高频信号的分量 LH_1，水平方向高频信号和垂直方向低频信号的分量 HL_1。因为图像经小波变换分解后，图像的大部分能量信息保留在低频分量中，因此可对低频分量进行继续分解，得到相应的分解分量。

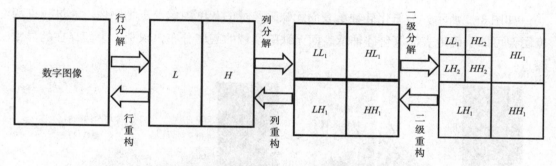

图 7-8　数字图像离散小波分解示意图

第8章 基于图像多尺度分解算法的氮化硅轴承多类型缺陷检测

8.1 氮化硅轴承多类型缺陷图像的灰度分布特征分析

为对氮化硅轴承表面质量进行检测，对采集的图像进行分析，确定氮化硅轴承表面图像的灰度分布特征，以采用合适的方法对表面图像的目标信息进行增强。采用氮化硅轴承表面无缺陷图像与缺陷图像的表面灰度三维图像，分析各表面图像的灰度分布特征。

8.1.1 氮化硅轴承无缺陷图像分析

如图 8-1 所示，为氮化硅轴承表面无缺陷区域的灰度图像及三维图像。通过三维灰度图像可以明确地表征氮化硅轴承表面无缺陷区域的灰度分布，识别出表面存在的异常噪点。

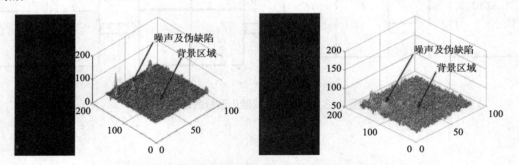

图 8-1 氮化硅轴承表面无缺陷图像及三维灰度图

无缺陷区域表面灰度分布均匀，趋势平缓，灰度分布具有一定的区间性，无缺陷背景区域的灰度值差异性较小，但其表面依旧存在少许的凸起噪点。噪点是由于表面局部异常导致的，且在缺陷表面图像中依旧存在，这些异常的噪点存在会影响后期对缺陷的检测，对其进行缺陷检测时，易识别成伪缺陷。

8.1.2 氮化硅轴承多类型缺陷图像分析

三维灰度图可更加直观地表述及分析图像的灰度分布特征，为进一步分析氮化硅轴承表面图像信息特征，完成其表面质量检测，绘制氮化硅轴承各表面图像三维灰度图，如图 8-2 所示。

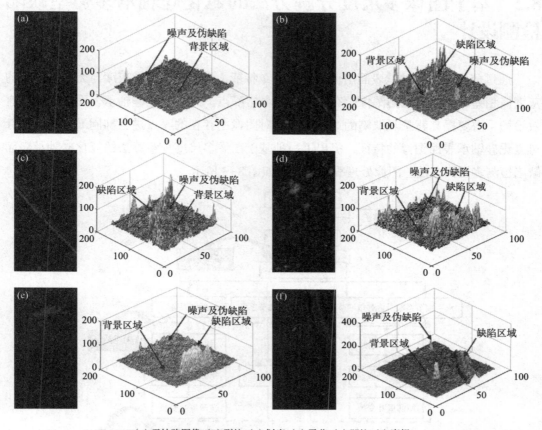

（a）无缺陷图像；（b）裂纹；（c）划痕；（d）雪花；（e）凹坑；（f）磨损

图 8-2　氮化硅轴承表面缺陷图像及三维灰度图

　　图 8-2（a）为无缺陷表面图像的三维灰度图像，图像整体灰度分布平坦，背景灰度具有一致性，存在少量的异常噪声凸起。图 8-2（b）为裂纹缺陷图像的三维灰度图像，裂纹缺陷具有明显的边缘特征，灰度与无缺陷背景区域具有明显的区别，但在其缺陷周围存在大量的噪声及伪缺陷，对裂纹缺陷的检测识别造成一定的干扰。图 8-2（c）为划痕缺陷图像的三维灰度图像，分析划痕缺陷区域与背景区域的分布，划痕缺陷边缘无明显特征，且具有较多的非缺陷凸起点，在进行缺陷分割时，易出现过分割现象，在非缺陷区域，存在较多的噪点。图 8-2（d）为雪花缺陷图像的三维灰度图像，雪花缺陷区域分布范围较广，缺陷信息特征不明显。图 8-2（e）为凹坑缺陷图像的三维灰度图像，可见凹坑图像灰度具有局部聚集性，与背景区域的边界明显，背景区域分布平坦，存在少量的噪点。图 8-2（f）为磨损缺陷图像的三维灰度图像，磨损缺陷在磨粒与氮化硅轴承相对运动时形成，具有明显的边缘特征，缺陷区域灰度与背景区域具有明显的分界，但灰度差值较小，存在少量的噪点。

8.2 基于图像多尺度分解方法的氮化硅轴承多类型缺陷检测设计

通过分析氮化硅轴承表面图像的灰度分布特征，表面缺陷区域灰度与无缺陷区域的灰度值相差较小，且缺陷图像中存在一定的异常噪点。为对氮化硅轴承表面缺陷进行有效检测，需要提高背景与缺陷的对比度，且对图像中存在的噪点进行抑制或者消除。针对氮化硅轴承表面图像的特征，提出了一种基于图像多尺度分解算法的氮化硅轴承表面缺陷检测多层面方法。图像处理程序流程图如图 8-3 所示。

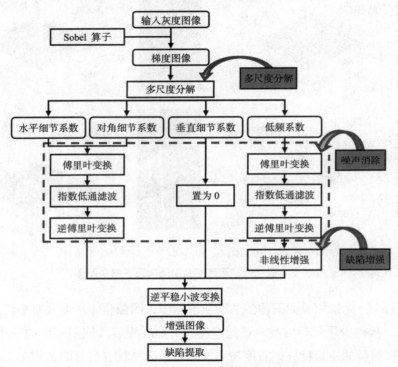

图 8-3　图像处理程序流程图

由于氮化硅轴承表面特征属性，在进行表面质量图像采集时，易出现表面不均匀现象及表面噪点，导致图像不同部位的灰度值差异很大。首先将采集的氮化硅轴承表面图像灰度化处理，再通过使用 Sobel 算子去除不均匀的背景，将原始灰度图像转换为梯度图像。根据图像特征，采用基于平稳小波变换对梯度图像进行多尺度分解，将图像分解成水平细节系数、对角细节系数、垂直细节系数和低频系数。再根据各分解系数的特征选择合适的处理方法进行信息增强或抑制。根据水平细节系数和对角细节系数中背景信息弱化，保留了大部分的缺陷信息，为了增强缺陷区域特征，对水平细节系数和对角线细节系数中每层的分解系数进行傅里叶变换，再进行指数低通滤波，保留缺陷信息，随后进行傅里叶逆变换。同时，由于在垂直细节系数中缺陷信息弱化，保留着少量的噪声信息和大部分的背景信息，为了进一步消除缺陷图像中的噪声，改善氮化硅轴承的表面缺陷特征，提高背景与缺陷检测的对比度，将垂直细节系数设为 0。低频系数保留着缺陷图像的大部分信息，用指数低通滤波器滤波，滤波后进行非线性增强，进一步增强缺陷信息，提高缺陷与背景的对比度。对分解系数处理后，对改进后的分解系数进行逆平稳小波变换处理，得到无噪声的缺陷增强图像。最后，采用动态阈值法对增强后的图像进行缺陷提取。

8.2.1　氮化硅轴承多类型缺陷图像的多维度预处理及边缘检测

由于氮化硅轴承表面为曲面，很难实现光照的均匀性，导致图像不同部位图像的灰度值差异很大。为此，我们使用 Sobel 算子去除不均匀的背景，将原始灰度图像转换为梯度图像。给定图像 $f(x, y)$，在像素 (x, y) 处的梯度图像 $G(x, y)$ 定义如下：

$$G(x, y) = [G_x^2(x, y) + G_y^2(x, y)]^{1/2} \tag{8-1}$$

其中：

$$G_x = \sum_{i=-1}^{l} \sum_{j=-1}^{l} f(x+i, y+j) \cdot d_x(i, j) \tag{8-2}$$

$$G_x = \sum_{i=-1}^{l} \sum_{j=-1}^{l} f(x+i, y+j) \cdot d_y(i, j) \tag{8-3}$$

其中，$d_x(i, j)$ 和 $d_y(i, j)$ 分别是 x 轴和 y 轴上的 Sobel 边算子：

$$d_x = \begin{bmatrix} -1 & 0 & 1 \\ -2 & 0 & 2 \\ -1 & 0 & 1 \end{bmatrix} \quad d_y = \begin{bmatrix} -1 & -2 & -1 \\ 0 & 0 & 0 \\ 1 & 2 & 1 \end{bmatrix} \tag{8-4}$$

8.2.2　氮化硅轴承多类型缺陷图像的多尺度分解

氮化硅轴承表面缺陷图像信息复杂，且背景与缺陷检测对比度低，传统方法难以对其进行检测。多尺度分解技术可以有效地保留缺陷信息，提高缺陷与背景信息的对比度，因此，我们选用图像多尺度分解技术进行检测。由于平稳小波变换具有变换非下采样特性，保留原有图像大小，能较好地保留各系数的特征，所以基于平稳小波变换对氮化硅轴承表面图像进行多尺度分解。经过图像多尺度分解，可以将图像分解成低频系数和高频系数，其中低频系数主要保留图像的主要细节信息，如缺陷等；高频系数主要是保留图像的背景、噪声等细节信息，高频系数又分为垂直细节系数、水平细节系数、对角细节系数。设给定大小为 $M \times N$ 的图像 $f(x, y)$，对于平稳小波变换，图像在第 j 级分解如下：

$$\begin{cases} s_{(x,y)}^{(j+1)} = \sum_l \sum_k p_k^* p_l^* s_{(x+k,y+l)}^{(j)} \\ w_{(x,y)}^{(j+1,h)} = \sum_l \sum_k p_k^* q_l^* s_{(x+k,y+l)}^{(j)} \\ w_{(x,y)}^{(j+1,v)} = \sum_l \sum_k q_k^* p_l^* s_{(x+k,y+l)}^{(j)} \\ w_{(x,y)}^{(j+1,d)} = \sum_l \sum_k q_k^* q_l^* s_{(x+k,y+l)}^{(j)} \end{cases} \tag{8-5}$$

式中：$x=1, 2, \cdots, m$；$y=1, 2, \cdots, n$；p_k^*，p_l^*，q_k^* 和 q_l^* 是平稳小波变换分解的滤波器，与平稳小波变换基底有关。$s_{(x+k,y+l)}^{(j)}$ 和 $s_{(x,y)}^{(j+1)}$ 分别为 j 级和 $j+1$ 级的低频系数。$w_{(x,y)}^{(j+1,h)}$ 表示水平细节系数，$w_{(x,y)}^{(j+1,v)}$ 表示垂直细节系数，$w_{(x,y)}^{(j+1,d)}$ 为对角线细节系数。

8.2.3　氮化硅轴承多类型缺陷图像分解系数的增强及重构

由于低频系数的噪声特性和缺陷特性存在显著差异，采用指数低通滤波方法进行降噪。噪声主要是高频系数。为了进一步消除噪声，增强缺陷区域，首先需要基于傅里叶变换将所有系数从空间域变换到频域。傅里叶变换为：

$$F(u,v) = \frac{1}{m \cdot n} \sum_{x=0}^{m-1} \sum_{y=0}^{n-1} f(x,y) \exp\left[-2j\pi\left(\frac{ux}{m} + \frac{vy}{n}\right)\right] \tag{8-6}$$

式中：(u, v) 为频域点坐标；$F(u, v)$ 表示点 (u, v) 处的傅里叶变换值，之后在频域进行指数低通滤波。

$$G(u,v) = F(u,v) \cdot \exp\{-[D(u,v) / D_0]^n\} \tag{8-7}$$

式中：$G(u, v)$ 为修正后的傅里叶谱。$\exp\{-[D(u,v) / D_0]^n\}$ 为指数低通滤波器的函数；n 是阶数；D_0 为截止频率；$D(u, v)$ 为点 (u, v) 到谱中心的距离，计算公式为：

$$D(u,v) = [(u - M / 2)^2 + (v - N / 2)^2]^{1/2} \tag{8-8}$$

最后，采用傅里叶逆变换对处理后的各分解系数进行处理。傅里叶逆变换为：

$$F(u,v) = \frac{1}{mn} \sum_{u=0}^{m-1} \sum_{v=0}^{n-1} G(u,v) \exp\left[2j\pi\left(\frac{ux}{m} + \frac{vy}{n}\right)\right] \tag{8-9}$$

同时，对每一层的水平细节系数和对角细节系数进行了相同的滤波处理。为了便于重构图像中缺陷的分割，有必要进一步提高目标区域与背景的对比度。因为缺陷信息主要保留在低频系数中，提出了一种非线性增强方法来增强修改后的低频系数，其表示如下：

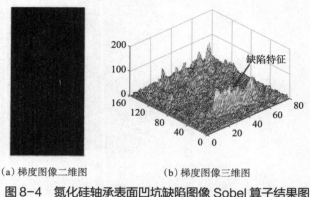

（a）梯度图像二维图　　　　　（b）梯度图像三维图

图 8-4　氮化硅轴承表面凹坑缺陷图像 Sobel 算子结果图

（2）氮化硅轴承多类型缺陷图像多尺度分解

采用平稳小波变换对氮化硅轴承表面图像进行多尺度分解，其分解级数没有可用的标准来进行确定，通常是根据图像的特征属性进行设置，得到合适的阈值范围，才能获得最佳的去噪效果。如图 8-5 所示为基于 Daubechies4 小波变换，采用不同分解级数对氮化硅轴承表面凹坑缺陷分解的低频系数。因为低频系数主要保留缺陷信息，对低频系数进行分析，可进一步确定分解级数。在分解级数为 1 时，低频系数缺陷区域特征虽然明显，但无缺陷区域分布灰度多值化，局部变化较大，异常噪点较多。在分解级数为 2 时，分解系数中缺陷信息较 1 级系数时有所增强。但无缺陷区域依旧存在较多的局部噪点，分布不平缓。分解级数为 3 时，缺陷区域信号值增强，与背景区域对比度较大，且无缺陷区域有异常噪点区域，但局部变换平缓。在进一步确定分解级数时，需要综合图像分解质量与分解效率。

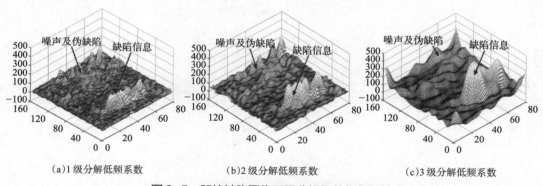

（a）1 级分解低频系数　　　　　（b）2 级分解低频系数　　　　　（c）3 级分解低频系数

图 8-5　凹坑缺陷图像不同分解级数低频系数

通过比较不同分解级数的分解效果及性能，并综合考虑氮化硅轴承表面缺陷检测的精度与效率，最终采取分解级数为 3。如图 8-6 所示为氮化硅轴承表面凹坑缺陷图像的第三层分解系数，可以识别出分解后图像的分解系数分量分布。图 8-6（a）～图 8-6（c）分别为水平细节系数、垂直细节系数和对角细节系数，对比图像缺陷与背景信息，可以得出缺陷和噪声的细节信息主要集中在这些高频系数中。在水平细节系数和对角线细节系数中，缺陷图像背景信息弱化，保留了大部分的缺陷信息。在垂直细节系数中，缺陷信息弱化，保留了大部分的背景信息。图 8-6（d）所示为低频系数，图像中保留了缺陷图像的大部分信息，缺陷和背景都有一定的弱化。为了提高缺陷与背景的对比度，通过修改分解系数，增强图像区域信息，提高图像的检测精度。

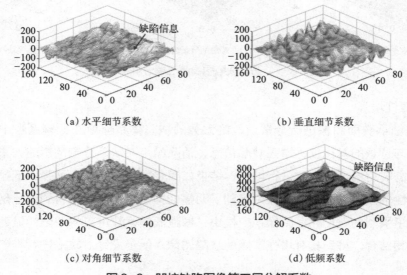

（a）水平细节系数　　　　　　　　　　　　（b）垂直细节系数

（c）对角细节系数　　　　　　　　　　　　（d）低频系数

图 8-6　凹坑缺陷图像第三层分解系数

8.3.2　氮化硅轴承多类型缺陷图像多尺度分解系数增强

（1）指数低通滤波

根据氮化硅轴承表面缺陷的分解系数特征，其缺陷信息存在于水平细节系数、对角细节系数与低频系数中，其背景信息主要保留在垂直细节系数中。为增强缺陷信息，需要对含有缺陷的细节系数进行增强处理，并抑制垂直细节系数，消除背景影响。对各系数进行单独处理，由于垂直细节系数中几乎不含缺陷信息，将垂直分解系数设置为 0，消除背景信息的影响。然后再对水平细节系数、对角细节系数和低频系数进行滤波处理，通过傅里叶变换和指数低通滤波进行滤波处理，增强缺陷信息。结果如图 8-7 所示，为各分解系数的滤波结果图。与未滤波操作的系数进行对比分析，在水平分解系数、对角分解系数和低频分解系数中，图像的缺陷区域特征信息得到有效增强，缺陷与背景的对比度也得到了相应的提升。在水平细节系数中，通过滤波操作，缺陷信息保留，噪声及背景信息弱化，可以更好地区分缺陷和噪声信息。经过指数低通滤波后，低频系数的背景得到了显著改善，背景与缺陷的对比增强。滤波后，能有效地区分背景与缺陷区域，为进一步完整提取缺陷特征奠定了基础。

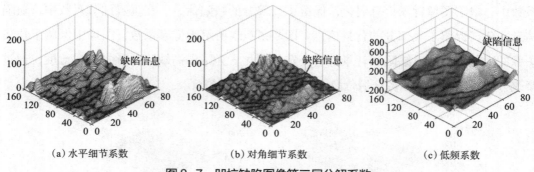

(a) 水平细节系数　　　　　(b) 对角细节系数　　　　　(c) 低频系数

图 8-7　凹坑缺陷图像第三层分解系数

（2）非线性增强

氮化硅轴承表面图像进行分解后，绝大数的缺陷体系保留在低频系数中，为了提高缺陷特征与背景的对比度，增强缺陷信息，消除噪声对缺陷分割的影响，采用非线性增强方法对滤波后的低频系数进行增强，结果如图 8-8 所示。与未增强的低频分解系数相比，非线性增强图像的背景和噪声得到了明显的抑制，缺陷区域得到明显增强，与平面背景形成了强烈的对比。在图像逆变换中，增强低频系数可以将缺陷的显著特征与其他分解系数相结合，得到具有增强缺陷的缺陷图像，便于最终对缺陷进行准确、完整的分割。

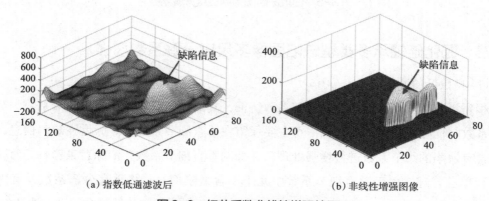

(a) 指数低通滤波后　　　　　　　　　　(b) 非线性增强图像

图 8-8　细节系数非线性增强结果

8.3.3　氮化硅轴承多类型缺陷多尺度分解系数重构与分割

通过整合经过处理后的各级分解系数，采用平稳小波逆变换进行图像重构，并利用阈值 T 对重构图像进行分割。最终的缺陷增强图像和二值化图像如图 8-9 所示。采用了非线性增强处理低频系数的重构图像，缺陷区域明显异于无缺陷区域。且无缺陷区域分布平缓，灰度基本一致，二值分割图像中凹坑缺陷得到较完整的分割，实现了凹坑缺陷的检测。通过对比，明确了非线性增强的有效性，并通过整体缺陷处理过程，验证了基于图像多尺度分解的氮化硅轴承表面缺陷检测方法的有效性。

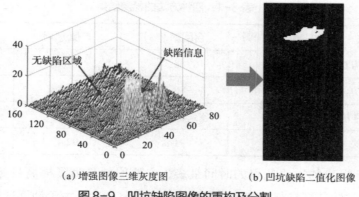

(a) 增强图像三维灰度图　　　　　　(b) 凹坑缺陷二值化图像

图 8-9　凹坑缺陷图像的重构及分割

8.3.4　氮化硅轴承多类型缺陷检测结果与分析

　　通过提出基于图像多尺度分解的氮化硅轴承表面缺陷增强检测方法对凹坑缺陷进行检测，该算法通过缺陷分解增强，有效地增强了凹坑缺陷信息特征，并完整地实现了凹坑缺陷的检测。采用提出的方法对氮化硅轴承表面划痕、雪花、裂纹和磨损缺陷进行检测，其结果如图 8-10 所示。

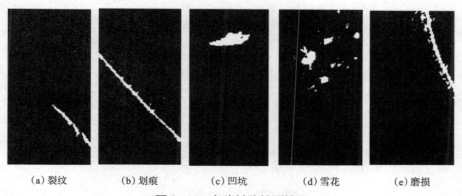

(a) 裂纹　　　　(b) 划痕　　　　(c) 凹坑　　　　(d) 雪花　　　　(e) 磨损

图 8-10　各类缺陷检测结果

　　通过分析各缺陷的最终缺陷二值图像及边缘图像，可以明确提出基于图像多尺度分解的氮化硅轴承表面缺陷检测方法，通过对各分解系数的处理，有效地抑制了氮化硅轴承表面缺陷图像的噪声信息，突出缺陷特征，实现了氮化硅轴承表面缺陷的检测。

　　使用提出的基于图像多尺度分解的氮化硅轴承表面缺陷检测方法对各类缺陷进行检测，以精确率、召回率、F 值和图像平均检测时间作为评价标准，对检测方法的性能进行评价。并与 Yang Tiebin、Wang Hai 和 Tang Guihua 等人提出的方法进行了比较，结果如表 8-1 所示。在精确率、召回率和 F 值方面，我们的方法明显优于其他三种方法。

表 8-1　四种方法的检测结果

检测方法	精确率（%）	召回率（%）	F 值（%）	平均之间（s）
Yang Tiebin 的方法	89.8	88.3	89.1	1.04
Wang Hai 的方法	91.3	88.3	89.8	1.22
Tang Guihua 的方法	88.1	86.7	87.4	0.93
本书的方法	93.2	91.6	92.4	0.87

Wang Hai 提出的方法花费的时间最多，主要原因是为了提高目标相加测试的精度，该方法对缺陷特征进行了细化，增加了算法的复杂度。由于计算复杂度相似，Tang Guihua 提出的方法与提出的基于图像多尺度分解的方法检测时间相差较小。与其他三种方法进行比较，我们提出方法的平均操作时间为 0.87s，且精确率为 93.2%，精准度要优于其他方法，在氮化硅轴承表面缺陷检测中，判定系统的性能主要看检测准备度及检测时间是否能满足在线检测需求，我们提出的耦合增强算法，能在保证减少检测时间的前提下，提升检测准确率，能有效地保证氮化硅轴承表面缺陷在线检测的有效性。

第9章　基于高斯模型自适应模板方法的氮化硅轴承多类型缺陷检测

9.1　氮化硅轴承多类型缺陷图像灰度统计特征分析

针对氮化硅轴承表面缺陷信息复杂，难以生成统一无缺陷模板，通过分析氮化硅轴承表面缺陷图像与无缺陷图像的灰度统计特征，明确灰度分布存在的差异性与内在关联性，为自适应模板的建立提供基础模型。

9.1.1　氮化硅轴承无缺陷图像灰度统计特征分析

图9-1所示为氮化硅轴承表面无缺陷图像的灰度统计直方图及其拟合曲线。氮化硅轴承表面无缺陷图像灰度分布具有一定的规律性，其灰度范围大致分布在60~100之间，且区间两端灰度值分布较少，主要分布在80左右，整体呈现正态分布规律。采用高斯模型对灰度统计直方图进行拟合，高斯拟合曲线可较好地贴合实际灰度分布。

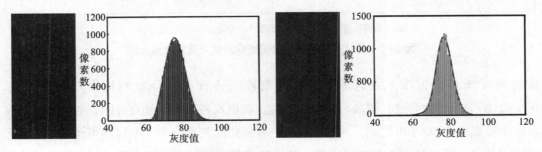

图9-1　氮化硅轴承表面无缺陷图像及其灰度统计直方图

9.1.2　氮化硅轴承多类型缺陷图像灰度统计特征分析

为明确氮化硅轴承表面图像灰度分布规律，解析氮化硅轴承缺陷图像特征与无缺陷图像特征的内在关联性，分析各表面图像的灰度统计特征。绘制氮化硅轴承表面图像的灰度统计直方图，如图9-2所示。

图9-2（a）为无缺陷表面图像的灰度统计直方图，由前面的高斯拟合曲线可知，其分布具有典型的正态分布曲线特征，为进行后续的检测，假设氮化硅轴承表面无缺陷图

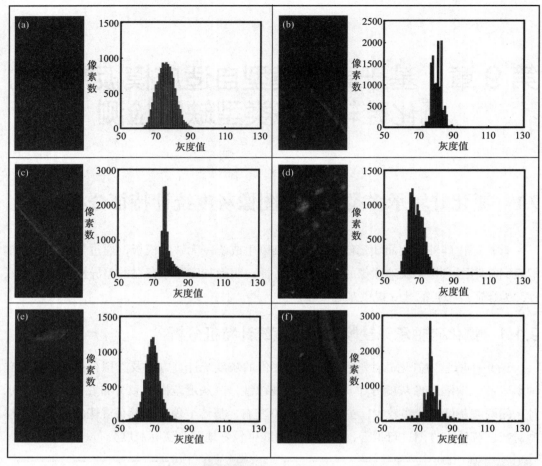

（a）无缺陷图像；（b）裂纹；（c）划痕；（d）雪花；（e）凹坑；（f）磨损

图9-2　氮化硅轴承表面缺陷图像及其灰度统计直方图

像的灰度统计直方图呈正态分布，其分布特征适宜正态分布的规律性与预判性。图9-2（b）～（f）为裂纹、划痕、雪花、凹坑、磨损及其灰度统计直方图，各缺陷的灰度分布主要集中在60~100之间，分布无规律，各缺陷的灰度分布无明显的可预判性。与无缺陷图像的灰度统计直方图进行比较，各缺陷的灰度统计直方图中可见明显的无缺陷图像的分布特征，进一步说明各缺陷图像中无缺陷区域具有一定的规律性及可预判性。

9.2　基于高斯模型自适应模板的氮化硅轴承多类型缺陷检测方法设计

分析氮化硅轴承表面图像，其缺陷图像中缺陷区域与背景区域灰度相差较小，对比度较低，在对氮化硅轴承表面缺陷图像进行分割检测时，易出现过分割或欠分割现象。

为有效地检测氮化硅轴承表面缺陷，通过图像增强的方法，提高缺陷区域与背景区域的对比度，增大缺陷区域与背景区域的边缘特征，以突出图像中感兴趣的缺陷特征并抑制图像背景，从而使图像与视觉反应特征相匹配。针对氮化硅轴承表面缺陷特征，设计了一种基于高斯模型自适应模板的氮化硅轴承表面缺陷检测多范畴方法，其图像检测过程如图 9-3 所示，主要有图像预处理、图像增强、缺陷提取等步骤。通过提出的检测方法，提升氮化硅轴承表面缺陷对比度，实现缺陷检测。

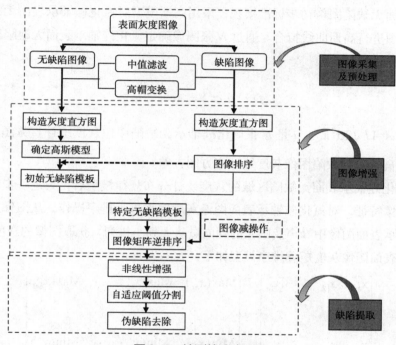

图 9-3　检测算法流程图

9.2.1　中值滤波与高帽变换耦合的氮化硅轴承缺陷图像预处理

图像预处理是图像处理过程中改变图像质量的前期处理，其主要目的是为了对输入的目标图像进行滤波变换，去除图像采集过程中存在的噪声及不均匀光照，以初步加强图像目标特征，消除或减弱无用信息特征。在氮化硅轴承表面图像采集的过程中，由于采集工艺及光源环境的影响，以及氮化硅轴承的表面属性，导致在氮化硅轴承表面图像采集过程中会不可避免地出现噪声及图像背景关照不均匀的现象。为获得较高质量的氮化硅轴承表面图像，保证后续的表面质量检测的精度，对采集图像的视觉图像进行分析后，采用中值滤波滤除图像噪声，保护图像边缘信息特征，尤其是滤除脉冲干扰和图像扫描噪声。中值滤波后，对图像进行高帽变换，使图像背景均匀化，消除关照不均匀带来的影响。

9.2.2　氮化硅轴承多类型缺陷高斯模型自适应模板的建立

根据氮化硅轴承表面图像的二维图像、灰度统计直方图特征，明确氮化硅轴承表面图像无缺陷区域具有一定的相似性，初步假设氮化硅轴承表面图像无缺陷图像灰度统计直方图灰度分布符合正态分布特征，即其分布曲线符合高斯模型。为了初步得到氮化硅轴承表面无缺陷区域图像灰度统计直方图分布模型，进一步获取均匀无噪声的标准的氮化硅轴承表面无缺陷图像初步标准模板，采用高斯模型对氮化硅轴承表面无缺陷图像灰度统计直方图进行高斯曲线拟合。通过 N 张图像确定氮化硅轴承表面无缺陷区域的灰度统计分布规律模型。

$$f(x \mid \mu, \sigma^2) = A\mathrm{e}^{-\frac{(x-\mu)^2}{2\sigma^2}} \tag{9-1}$$

式中：$A = 1/\sqrt{2\sigma^2\pi}$，$\mu$ 是 N 张氮化硅轴承无缺陷图像灰度统计直方图的均值，σ^2 为 N 张氮化硅轴承无缺陷图像灰度统计直方图方差。

确定氮化硅轴承表面无缺陷区域的灰度统计分布规律模型后，为进一步获取氮化硅轴承表面图像特征，对氮化硅轴承表面图像灰度矩阵进行排序操作，从图像灰度分布分析氮化硅轴承表面图像中噪声及图像的列向量从大到小排列，获取图像的灰度变化规律。氮化硅轴承表面图像灰度矩阵排序模型如下，大小为 $m \times n$：

$$\begin{bmatrix} x_{11} & x_{12} & \cdots & x_{1n} \\ . & . & \cdots & . \\ . & . & \cdots & . \\ x_{m1} & x_{m2} & \cdots & x_{mn} \end{bmatrix} \rightarrow \begin{bmatrix} \mathrm{Max}(x_{h1}) & \mathrm{Max}(x_{h2}) & \cdots & \mathrm{Max}(x_{hn}) \\ . & . & \cdots & . \\ . & . & \cdots & . \\ \mathrm{Min}(x_{l1}) & \mathrm{Min}(x_{l2}) & \cdots & \mathrm{Min}(x_{ln}) \end{bmatrix} \tag{9-2}$$

氮化硅轴承表面无缺陷区域总体灰度分布符合正态分布规律，基于对氮化硅轴承表面无缺陷图像灰度统计直方图的高斯拟合结果和图像灰度矩阵排序结果，假设经过排序后的氮化硅轴承灰度矩阵的各列向量具有与总体灰度分布特征，即符合高斯模型分布。根据排序图像列向量与总体分布规律一致性，基于拟合的氮化硅轴承无缺陷区域图像的灰度分布曲线，根据无缺陷图像的灰度分布区间，采用等面积法确定初始模板的列向量，即模板灰度值。其公式为：

$$\int_{-\infty}^{x_i} f(x \mid \mu, \sigma^2)\mathrm{d}x = \frac{l}{m+1}(l = 1, 2, \cdots, m) \tag{9-3}$$

式中：m 为氮化硅轴承表面图像中灰度级的个数，x_i 为对应的灰度值。根据得到的列向量灰度值，为进一步生成 $m \times n$ 大小的氮化硅轴承表面图像初始无缺陷模板，假设初始无缺陷模板各列向量相等一致，对列向量进行阵列，得到初始无缺陷模板。氮化硅轴承表面图像初始无缺陷模板可通过以下公式获得：

$$G(i,j) = [x_i] \quad (i = 1, 2, \cdots, m; \, j = 1, 2, \cdots, n) \tag{9-4}$$

式中：$[x_i]$ 表示对 x_i 取整，x_i 通过公式 $\int_{-\infty}^{x_i} f(x)\mu, \sigma^2 \mathrm{d}x = \dfrac{l}{m \pm 1} (l = 1, 2, \cdots, m)$ 计算获得。

通过以上步骤，获得氮化硅轴承表面无缺陷图像的初始模板。由于氮化硅轴承表面缺陷图像信息复杂，缺陷种类繁多，无法针对所有缺陷拟合统一的标准无缺陷模板。根据高斯拟合曲线，明确氮化硅轴承无缺陷区域灰度分布范围，再基于待检测的氮化硅轴承表面缺陷图像排序图像，根据灰度范围近似预测图像中无缺陷灰度的位置，最后在初始模板中进行模板更新。在本文中，估计无缺陷背景的灰度范围为 $[L, H]$，并通过置信水平 k_1，k_2 对 H，L 进行计算。

$$\begin{cases} \int_{H}^{+\infty} f(x|\mu, \sigma^2)\mathrm{d}x = k_1 \\ \int_{-\infty}^{L} f(x|\mu, \sigma^2)\mathrm{d}x = k_2 \end{cases} \tag{9-5}$$

式中：根据待检测的氮化硅轴承表面缺陷排序图像灰度矩阵 $M(i,j)$ 确定灰度范围。k_1 表示待检测缺陷图像中灰度大于 H 的概率，k_2 表示待检测缺陷图像中灰度小于 L 的概率。当 $M(i,j) > H$ 或者 $M(i,j) < L$ 时，$M(i,j)$ 属于缺陷目标信息或者噪声，当 $M(i,j) \in [L, H]$ 时，$M(i,j)$ 为背景。

对初始模板中的列向量进行灰度选择后，为使模板中灰度均在 $[L, H]$ 内，根据列向量与背景直方图一致规律性假设，基于高斯拟合函数得出更新灰度值。其公式为：

$$\int_{-\infty}^{x_{jl}} f(x|\mu, \sigma^2)\mathrm{d}x = \frac{l}{S_i + 1} (l = 1, 2, \cdots, m) \tag{9-6}$$

式中：$S_i = m - K_j - N_j$，表示初始模板中第 j 列中在 $[L, H]$ 范围内的个数，K_j 为第 j 列中灰度值大于 H 的个数，N_j 表示灰度值小于 L 的个数。得到需要更新的灰度值后，根据以下公式得到氮化硅轴承最终背景模板：

$$G(i,j) = \begin{cases} [x_{jv}] & (i = K_i + \upsilon) \\ [x_i] & (否则) \end{cases} \tag{9-7}$$

式中：$[x_i]$ 表示对 x_i 取整，$\upsilon = 1, 2, \cdots, S_i$。

9.2.3　氮化硅轴承多类型缺陷图像增强与分割

最终待检测的氮化硅轴承表面缺陷图像的模板是基于高斯拟合曲线和缺陷图像本身的灰度分布特征所生成的，是针对每张检测图像将会拟合出特定的无缺陷区域模板，是唯一匹配的。可以通过待检测图像与最终模板的对比进行表面图像中的缺陷检测。为了得到缺陷目标，将获得的待检测图像的唯一指定模板与其排序图像进行减法操作，得出差异性，突出目标缺陷特征。减法操作如下：

$$T(i,j) = M(i,j) - G(i,j) \quad (i=1,2,\cdots,m; j=1,2,\cdots,n) \tag{9-8}$$

进行减法操作后，获得图像矩阵依旧是排序后的位置，为得到缺陷，对 $T(i,j)$ 进行复位操作，即将各位置灰度值复位到排序前位置，得到缺陷信息复位矩阵 $R(i,j)$。由于氮化硅轴承缺陷目标与背景灰度值对比度小，进行减法操作及复位操作后，得到的复位矩阵中目标值较小，为抑制背景特征，突出缺陷信息，采用非线性增强对复位矩阵进行操作。非线性增强公式为：

$$\overline{R(i,j)} = \begin{cases} \alpha \cdot R^2(i,j) & R(i,j) > \overline{R} + \beta\sigma^2 \\ 0 & \text{其他} \end{cases} \quad (i=1,2,\cdots,m; j=1,2,\cdots,n) \tag{9-9}$$

式中：$\overline{R(i,j)}$ 是非线性增强后的灰度值，α 为增强系数，范围为 $[1,+\infty]$，$\overline{R}$ 为返回值 $R(i,j)$ 均值，σ^2 为返回值 $R(i,j)$ 的方差，β 为增强系数，取值范围为 $[1,+\infty]$。

为更清晰地突出缺陷区域，采用自适应阈值法获得缺陷二值图像。为保证显示缺陷的准确性，防止伪缺陷的出现，对二值图像进行去伪缺陷处理，即缺陷目标以一定大小的连通区域存在，为判断分割后的图像是否为真正的缺陷目标，以当前灰度点为核心，在形成 3×3 的窗口 W 中，若至少包含一半的缺陷像元，则认为该像元为缺陷点。最后利用 Canny 算子对划痕缺陷的边缘进行检测，提取缺陷。

9.3 高斯模型自适应模板的氮化硅轴承多类型缺陷检测结果与分析

在氮化硅轴承表面缺陷中，凹坑缺陷特征具有代表性，以凹坑缺陷为例，详细阐述基于高斯模型自适应更新模板的氮化硅轴承表面缺陷检测过程，其他类型缺陷的处理结果将在本章最后一部分中描述。

9.3.1 氮化硅轴承多类型缺陷图像的高斯拟合

基于对氮化硅轴承表面质量图像特征的分析，初步假设其无缺陷区域符合正态分布规律，为得到氮化硅轴承表面缺陷图像的特定模板首先对无缺陷表面的灰度统计直方图进行高斯拟合，结果如图9-4所示。图9-4（a_1）～（a_4）为氮化硅轴承表面无缺陷图像，（b）为无缺陷图像的灰度统计直方图及对应的高斯拟合曲线。根据图9-4（b）中高斯拟合曲线与无缺陷图像灰度统计直方图的匹配程度，可见无缺陷图像符合高斯分布模型。验证了最初假设的正确性，为氮化硅轴承无缺陷图像初始模板的生成确定基本模型。

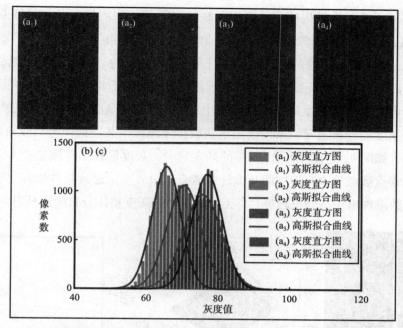

（a）无缺陷图像；（b）无缺陷图像直方图及高斯曲线；（c）拟合的直方图及高斯曲线

图 9-4　氮化硅轴承表面无缺陷图像及高斯拟合曲线

　　为得到氮化硅轴承表面无缺陷区域的统一模型，采用大量的氮化硅轴承表面无缺陷图像及其灰度统计直方图，以获取具有代表性的无缺陷区域灰度分布模型。采用 200 幅无缺陷图像进行高斯拟合，结果如图 9-5 所示。利用该拟合的分布模型进行氮化硅轴承表面无缺陷初始模板的生成。

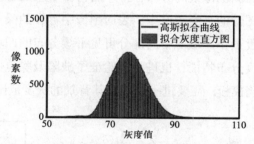

图 9-5　氮化硅轴承表面无缺陷图像高斯拟合灰度分布曲线

9.3.2　氮化硅轴承多类型缺陷图像自适应模板的建立

（1）图像排序

　　为进一步分析氮化硅轴承表面图像的信息特征，明确图像中噪声区域及缺陷区域的灰度分布，采用图像矩阵排序的方法对氮化硅轴承表面无缺陷图像及凹坑缺陷图像进行处理，并通过扫描线提取对应列的灰度分布情况，明确排序图像灰度列分布规律。

如图 9-6 所示，为氮化硅轴承表面无缺陷图像的排序图像及其扫描线灰度分布情况。图 9-6(a) 为无缺陷图像，灰度分布均匀，但存在异常噪点。图 9-6(b) 为排序后的无缺陷图像，对无缺陷图像的灰度矩阵进行灰度值大小排序，可明显看出无缺陷表面中依旧存在少许噪点，结合无缺陷图像的三维图，可直观地看出，在均匀的表面中存在噪声，分布在最大像素区域及最小像素区域中，中间区域为无缺陷区域的平缓背景灰度。为分析各级灰度的分布情况，采用线扫描获取排序图像中某一列向量，取 $m=40$，得到灰度扫描线，如图 9-6(d) 所示，扫描的列向量中，灰度值较小区域与较大区域，相同灰度值的像素点数量较少，但中间灰度的像素点总量较多，通过具体分析，明确各灰度值的累计个数呈现出正态分布趋势，与无缺陷图像的灰度整体分布规律具有一致性。

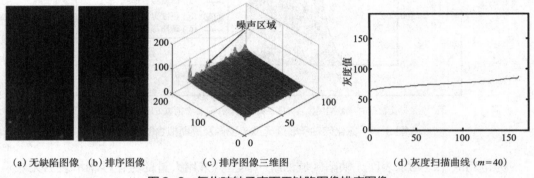

(a) 无缺陷图像　(b) 排序图像　　(c) 排序图像三维图　　　　(d) 灰度扫描曲线($m=40$)

图 9-6　氮化硅轴承表面无缺陷图像排序图像

再通过图像排序对氮化硅轴承表面凹坑缺陷图像灰度矩阵进行排序，如图 9-7 所示。根据凹坑缺陷排序后图像像素的分布，排序后得出平缓的背景区域及突出的缺陷区域及噪声区域，在排序图像的三维图像中，表面图像中存在的噪点及缺陷的像素点被排列到灰度最大区域和灰度最小区域。中间部分可见平缓分布的凹坑缺陷图像中的无缺陷区域，根据扫描线的灰度分布特征，也进一步验证了缺陷及噪点的分布规律。为生成凹坑缺陷图像的特定无缺陷模板，需要进一步确定其背景的灰度范围。

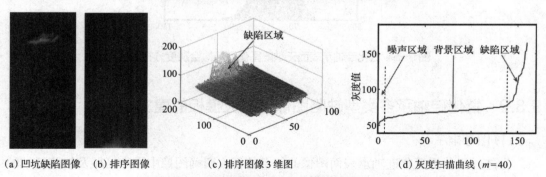

(a) 凹坑缺陷图像　(b) 排序图像　　(c) 排序图像 3 维图　　　　(d) 灰度扫描曲线($m=40$)

图 9-7　氮化硅轴承表面凹坑缺陷排序图像

（2）初始背景模板的生成

基于氮化硅轴承表面图像排序后的特征信息，无缺陷区域的列分布具有与整体灰度分布规律的一致性，符合正态分布。为将无缺陷灰度分布标准化，根据无缺陷灰度统计直方图高斯拟合曲线，采用等面积法获取初始模板各列向量中对应的灰度值。如图9-8所示，图9-8（a）为根据等面积法求解列向量灰度值，将高斯拟合曲线与X轴围成的区域等面积分成161份，通过积分求解的方法求解x_1, x_2, …, x_{160}的值，并组成一组有160单元的列向量。对求解的列向量阵列，生成与原图大小的初始无缺陷模板。如图9-8（b）和图9-8（c）所示，分别为初始无缺陷模板的二维图像和三维图像。与氮化硅轴承表面无缺陷图像的排序图像比较，生成的初始模板具有基本一致的分布属性。由于氮化硅轴承表面缺陷信息复杂，种类繁多，难以建立统一的背景模板，为有效地对各类缺陷进行检测，以无缺陷初始模板为基础，结合待检测的缺陷图像的灰度分布特征，建立针对待测图像的特定无缺陷模板。

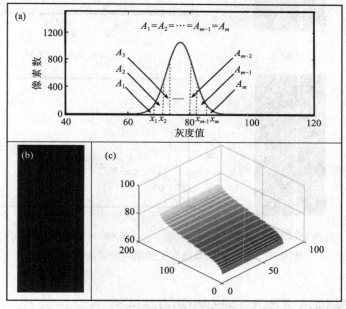

（a）高斯曲线等分模型；（b）无缺陷初始模板二维图；（c）无缺陷初始模板三维图

图9-8　氮化硅轴承表面无缺陷初始模板

（3）待测图像的特定无缺陷模板的建立

为生成待测图像特定的无缺陷模板，基于凹坑缺陷图像的排序图像中灰度分布特征，灰度值极小区域存在异于背景的噪声像素点，缺陷信息保留在灰度值极大区域，为保留缺陷特征信息及降低噪声的影响，根据公式9-5设定H, L的值，其中k_1, k_2为$f(x\,|\,\mu,\sigma^2)/(m+1)$，确定凹坑缺陷排序图像中背景像素的分布区域，即需要更新区域，得到更新值，并在初始背景模板中进行更新，得出自适应更新背景模板。如图9-9所示，

其中图9-9(a)为凹坑图像需要重新更新的区域，根据设定的 H, L 值，确定每组列向量所需更新的区域。并基于高斯拟合曲线，根据列向量所需更新的个数，对高斯拟合曲线进行等分求解，获得对应列向量中的灰度值，如图9-9（b）所示，将高斯拟合曲线分成 S_j 份，S_j 为每一列中需要更新的个数，即像素值在 $[V_l, V_h]$ 之间的个数。在初始无缺陷模板中进行各列向量进行更新后，得到凹坑缺陷相匹配的特定模板，如图9-9（c）所示。得到具有独立的与缺陷信息相关联的无缺陷区域模板，针对不同缺陷，可生成不同的特定的无缺陷模板。

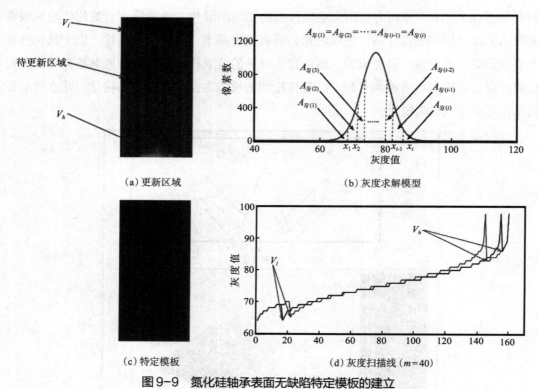

（a）更新区域　　　　　　　（b）灰度求解模型

（c）特定模板　　　　　　　（d）灰度扫描线（m=40）

图9-9　氮化硅轴承表面无缺陷特定模板的建立

9.3.3　氮化硅轴承多类型缺陷图像的非线性增强与分割

建立凹坑缺陷特定的无缺陷模板后，将凹坑缺陷排序图像与模板图像进行减法操作。由于减法操作后，图像灰度值较小，缺陷与背景对比度低，进一步采用非线性增强都对减法操作后图像进行缺陷增强，抑制背景与缺陷信息，根据公式（9-9）对图像进行非线性增强，其中 α=4，β=3。增强结果如图9-10所示，图9-10（a）为非线性增强后的二维和三维图像，增强的缺陷信息明显异于背景信息。获得增强图像后，对灰度矩阵进行复位操作，将对应位置的灰度值移到未排序前的原始位置，得到逆排序后的凹坑图像如图9-10（b），缺陷特征明显，背景得到较好抑制，但从三维图像明显观察到在缺陷以外的区域内存在一些伪缺陷，需要进一步对其进行处理。

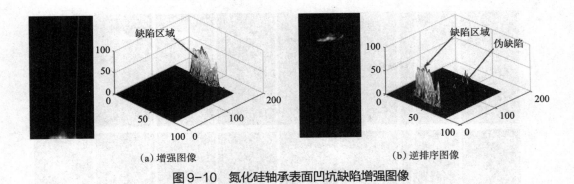

（a）增强图像　　　　　　　　　　　　　　（b）逆排序图像

图9-10　氮化硅轴承表面凹坑缺陷增强图像

为更清晰地识别氮化硅轴承表面凹坑缺陷区域，采用自适应阈值法对逆排序凹坑缺陷图像进行二值分割，并通过去伪缺陷算法对二值图像处理，最后采用 Canny 算子检测凹坑缺陷边缘信息，提取缺陷。凹坑缺陷的二值化及边缘提取过程如图9-11所示，图9-11（a）为二值图像，凹坑缺陷得到完整的分割，但研究存在少量噪点及伪缺陷像素点，需要进一步对伪缺陷进行去除。图9-11（b）为经去除伪缺陷的二值图像，图像中的伪缺陷被去除，几乎没有噪声，缺陷得到了很好的保存。图9-11（c）为通过 Canny 算子提取的凹坑缺陷边缘特征，对凹坑缺陷进行有效的提取。

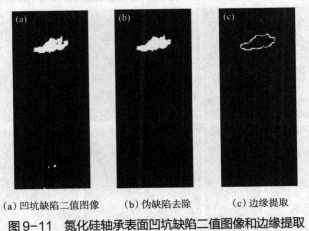

（a）凹坑缺陷二值图像　　（b）伪缺陷去除　　　（c）边缘提取

图9-11　氮化硅轴承表面凹坑缺陷二值图像和边缘提取

9.3.4　氮化硅轴承多类型缺陷检测结果与分析

通过提出基于高斯模型自适应更新模板的氮化硅轴承表面缺陷增强检测算法对凹坑缺陷进行检测，该算法有效地增强了凹坑缺陷信息特征，并通过缺陷分割、边缘提取，完整地实现凹坑缺陷的检测。采用提出的算法对氮化硅轴承表面凹坑、划痕、雪花、裂纹和磨损缺陷进行检测，其主要过程、结果如图9-12所示。

图9-12（a）～（h）分别为氮化硅轴承表面缺陷原图像、缺陷逆排序图像、缺陷特定模板图像、非线性增强图像、缺陷逆排序图像、缺陷二值图像、去除伪缺陷图像和缺陷

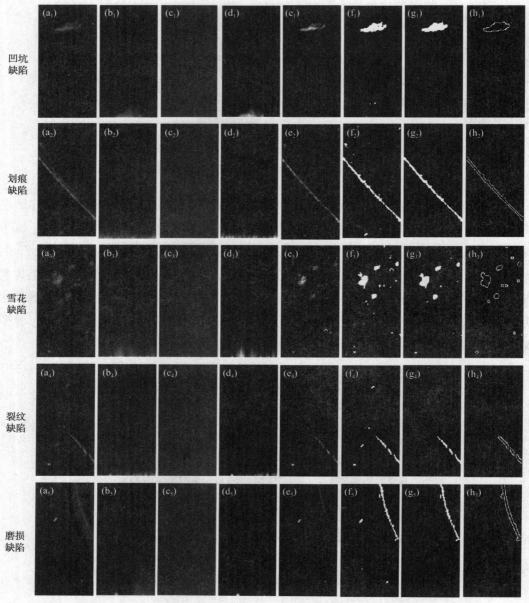

（a）缺陷图像；（b）缺陷排序图像；（c）缺陷特定模板图像；（d）非线性增强图像；
（e）缺陷逆排序图像；（f）缺陷图纸图像；（g）去除伪缺陷图像；（h）缺陷边缘图像

图 9-12　氮化硅轴承表面各缺陷检测结果

边缘图像。首先通过分析各缺陷的最终缺陷二值图像及边缘图像，可以明确提出氮化硅轴承表面缺陷检测算法的有效性。提出的算法可以完整地识别各类缺陷信息。通过各缺陷图像的灰度属性，生成缺陷图像特定无缺陷背景模板，如图 9-12（c）所示，根据各缺陷的特征生成特定模板。图 9-12（e）所示为逆排序后的缺陷增强图像，该算法清晰有效地增强了缺陷与背景的对比。经过提出算法的检测，各缺陷的各检测步骤都能有效地对缺陷信息特征进行识别，较好地抑制缺陷图像中的噪声，突出缺陷特征，实现了氮化硅轴承表面缺陷的检测。

　　提出的氮化硅轴承表面缺陷增强检测算法可用于各类缺陷的检测。以正确率、召回率、F 值和图像平均检测时间作为评价标准，对检测方法的性能进行评价。并与 Chang、Tsai 和 Jian 等提出的方法进行了比较，结果如表 9-1 所示。在检测精度方面，由于缺陷图像块间不对准的影响，Chang 提出的方法的查准率和查全率相对较低。在精度、召回率、F 值方面，我们的方法明显优于其他三种方法。

表 9-1　四种方法的检测结果

检测方法	精确率（%）	召回率（%）	F 值（%）	平均之间（s）
Chang 的方法	88.6	81.2	84.7	0.95
Tsai 的方法	95.4	97.3	96.3	0.86
Jian 的方法	92.1	90.3	91.2	0.91
本文方法	96.2	96.6	96.3	0.84

　　Chang 和 Jian 两人提出的方法，需要对图像进行分块与图像配准，平均处理时间较长，Jian 的方法能够适应缺陷检测应用中的错位和随机过程变化，有效地提高图像处理时间，该算法具有较高的计算效率；我们提出的方法在检测过程之前，已经对无缺陷图像的灰度特征进行了拟合，得到了高斯拟合曲线，这可以缩短实际的计算时间。

第 10 章　基于高斯模型与图像分解算法的氮化硅轴承多类型缺陷检测

10.1　氮化硅轴承多类型缺陷图像灰度特征分析

为加强氮化硅轴承表面缺陷特征，分析无缺陷表面图像灰度统计特征，图 10-1 所示为随机选取的无缺陷图像。

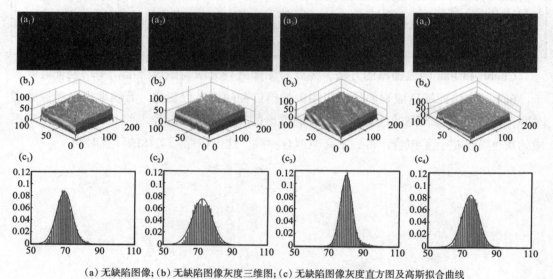

（a）无缺陷图像；（b）无缺陷图像灰度三维图；（c）无缺陷图像灰度直方图及高斯拟合曲线

图 10-1　氮化硅轴承表面无缺陷图像特征

结合无缺陷图像二维图像、三维灰度分布及灰度概率分布对缺陷背景进行分析，无缺陷表面均匀无杂质，表面灰度分布均匀，主要在 60~100 之间，且具有一定的规律性、先验性。初选高斯函数作为先验模型对灰度概率分布进行拟合，根据图 10-1（c）比较图像灰度分布与拟合曲线相似性，高斯拟合曲线与无缺陷图像灰度分布基本一致，验证了高斯函数拟合曲线可以有效估计氮化硅轴承无缺陷表面灰度概率分布。

10.2　基于高斯模型与图像分解的氮化硅轴承多类型缺陷检测方法设计

为提升氮化硅轴承表面缺陷检测精度及效率，提出了一种基于高斯模型与图像多尺度分解算法的缺陷增强算法检测氮化硅轴承表面缺陷。该方法无须引入无缺陷图像，提取缺陷图像中缺陷区域块与无缺陷区域块，分析其灰度概率统计曲线，根据其分布规律，采用高斯模型进行拟合，并通过高斯曲线计算出概率累积曲线，依据灰度分布特征进行归一化，通过累积曲线生成缺陷图像的无缺陷模板。然后采用图像多尺度分解技术，对缺陷图像和生成的无缺陷模板进行分解，通过分解系数的重构，建立新的缺陷图像，并引入非线性变换对重构图像进行增强，最后获取二值图像及缺陷边缘特征，实现缺陷的检测。检测方法流程图如图 10-2 所示。

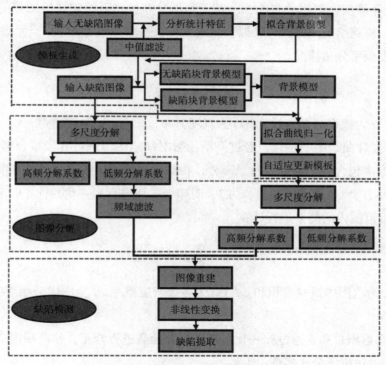

图 10-2　检测算法流程图

10.2.1　基于高斯模型的无缺陷自适应模板的建立

（1）背景模型的构建

基于对大量的氮化硅轴承无缺陷表面图像统计特征信息分析，无缺陷表面图像的灰度分布呈高斯分布模型。根据高斯分布模型对氮化硅轴承表面无缺陷背景进行建模，以获取无缺陷背景模板，高斯分布模型为：

$$f(x \mid \mu, \sigma^2) = \frac{1}{\sqrt{2\pi}\sigma} e^{-\frac{(x-\mu)^2}{2\sigma^2}} \tag{10-1}$$

式中：μ 和 σ 分别表示无缺陷图像的灰度平均值和标准差。

根据氮化硅轴承表面缺陷图像中背景与缺陷的分布，提取缺陷图像无缺陷特征块与含缺陷特征块，采用高斯模型对图像特征块的灰度特征进行拟合。

(2) 自适应更新背景模板的建立

基于图像特征块灰度特征拟合基础，对给定的氮化硅轴承表面缺陷图像背景进行建模，每张缺陷图像可以生成特定的无缺陷背景模板。自适应更新背景模板的生成主要有三步，首先对缺陷图像灰度概率直方图进行高斯拟合，得到背景拟合曲线，然后对拟合曲线进行归一化，最后通过归一化的拟合曲线生成特定的自适应更新背景模板。

① 拟合背景灰度概率分布曲线。基于高斯分布模型对给定缺陷图像的灰度概率分布进行拟合，得到给定图像的背景拟合曲线。获取图像各灰度级像素点个数、图像大小，得到图像灰度概率分布情况。

$$f(k) = \frac{h(k)}{m \times n} \tag{10-2}$$

式中：$f(k)$ 为概率分布函数，$h(k)$ 为灰度分布，$m \times n$ 为给定图像的大小。

② 概率拟合曲线的归一化。通过高斯函数对缺陷图像进行背景拟合形成概率缺陷，由于缺陷图像中包含缺陷部分及背景部分，在拟合曲线中，图像所处的灰度范围内各级灰度概率总和小于1，为使概率总和为1，对拟合曲线进行归一化。首先确定图像灰度范围，并对灰度范围内的概率进行计算。

$$f_s = \sum_{l}^{h} f_0(k) \tag{10-3}$$

式中：f_s 为范围内概率累积和，$f_0(k)$ 为各级灰度概率，l 为图像最小灰度级，h 为图像最大灰度级。

得出概率累积总和，通过归一化对高斯拟合函数进行修正，使范围内概率累积总和为1。归一化通过以下公式实现：

$$f_n(k) = \frac{f_0(k)}{f_s} \tag{10-4}$$

式中：$f_n(k)$ 为归一化处理后的高斯拟合曲线。

③ 模板生成。基于归一化拟合曲线，生成给定缺陷图像的特定无缺陷背景模板。首先根据归一化拟合曲线，计算缺陷图像灰度范围内的概率累积曲线，采用以下数学模型进行计算：

$$F(u,v) = \frac{1}{MN} \sum_{x=0}^{M-1} \sum_{y=0}^{N-1} f(x,y) \exp\left[-2j\pi\left(\frac{ux}{M} + \frac{vy}{N}\right)\right] \tag{10-7}$$

式中：(u, v) 为点频域坐标，$F(u, v)$ 表示点 (u, v) 处的傅里叶变换值，之后在频域内进行指数低通滤波，对各分解系数进行平滑处理，消除异常噪声，最后进行傅里叶逆变换。

对改进后的系数进行逆平稳小波变换处理，得到背景均匀无明显噪声且对比度增强的重建图像。

$$\tilde{D}_j(a_1,b_1) = \sum_{a_2}\sum_{b_2} \tilde{P}_{a_2-a_1}^j \tilde{P}_{b_2-b_1}^j \tilde{D}_{j+1}(a_2,b_2) + \sum_{a_2}\sum_{b_2} \tilde{Q}_{a_2-a_1}^j \tilde{P}_{b_2-b_1}^j \tilde{G}_{j+1}^h(a_2,b_2) +$$
$$\sum_{a_2}\sum_{b_2} \tilde{P}_{a_2-a_1}^j \tilde{Q}_{b_2-b_1}^j \tilde{G}_{j+1}^v(a_2,b_2) + \sum_{a_2}\sum_{b_2} \tilde{Q}_{a_2-a_1}^j \tilde{Q}_{b_2-b_1}^j \tilde{G}_{j+1}^d(a_2,b_2) \tag{10-8}$$

式中：$\tilde{P}_{a_2-a_1}^j$，$\tilde{Q}_{a_2-a_1}^j$，$\tilde{P}_{b_2-b_1}^j$ 和 $\tilde{Q}_{b_2-b_1}^j$ 为系数重构滤波器，$\tilde{D}_{j+1}(a_1,b_1)$ 和 $\tilde{D}_j(a_2,b_2)$ 为重建系数，$\tilde{G}_{j+1}^h(a_1,b_1)$，$\tilde{G}_{j+1}^v(a_1,b_1)$ 和 $\tilde{G}_{j+1}^d(a_1,b_1)$ 为修正系数。

为对重构的氮化硅轴承表面图像进行缺陷定位与分割，需要进一步提高缺陷区域与背景区域的对比度。基于重构图像灰度分布特性，通过非线性增强对图像缺陷信息进一步加强，并抑制背景信息，得到加强图像 $g(x,y)$，非线性增强公式为：

$$g(x,y) = \begin{cases} \alpha\tilde{D}_j + \beta & f(x,y) > k_1\mu + k_2\sigma^2 + \lambda \\ 0 & \text{其他} \end{cases} \tag{10-9}$$

式中：α 为增强系数，取值范围为 $(0, 1)$；β 为增强常量，$\beta > 1$；k_1，k_2 为增强范围，范围为 $(0, +\infty)$；λ 为修正常量。

为更清晰地突出缺陷区域，采用自适应阈值法获得缺陷二值图像。并采用 Canny 算子获取缺陷边缘特征。

10.3　高斯模型与图像分解的氮化硅轴承多类型缺陷检测结果与分析

在氮化硅轴承表面缺陷中，凹坑缺陷特征具有代表性，以凹坑缺陷为例，详细阐述基于高斯模型自适应更新模板的氮化硅轴承表面缺陷检测过程，其他类型缺陷的处理结果将在最后一部分中描述。

10.3.1　氮化硅轴承自适应无缺陷背景模板生成

采用高斯模型与图像特征块融合的方法，对给定的氮化硅轴承表面缺陷图像进行背景建模，生成特定的无缺陷背景模板。图 10-3 为确定缺陷背景分布模型的流程示意图，图 10-3（b）为典型的凹坑缺陷图像，并将其分割成无缺陷特征块与含缺陷特征块；图 10-3（a）和图 10-3（c）分别为无缺陷特征块与含缺陷特征块的灰度概率分布直方图及相应的高斯拟合曲线。通过提取无缺陷特征块与含缺陷特征块的高斯拟合曲线进行对比分析，如图 10-3（d）所示，经过归一化的含缺陷特征块的高斯拟合曲线与无缺陷特征块拟合曲线基本一致，高斯模型可以对缺陷背景进行有效拟合。

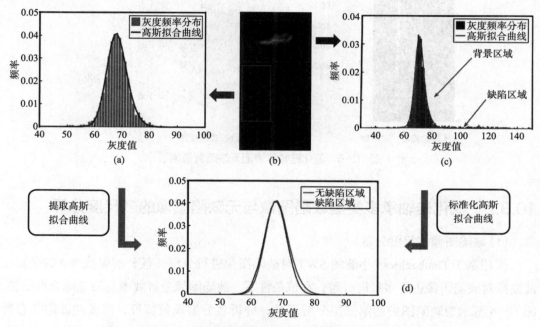

图 10-3　氮化硅轴承表面缺陷图像区域块灰度特征

图 10-4（a）所示为凹坑缺陷拟合概率分布直方图，在给定凹坑缺陷的灰度范围内，归一化后，概率累积和为 1，如图 10-4（b）所示。为了生成特定的无缺陷模板，通过概率累积曲线，确定值 R_0，即可得出背景模板对应点的灰度值。

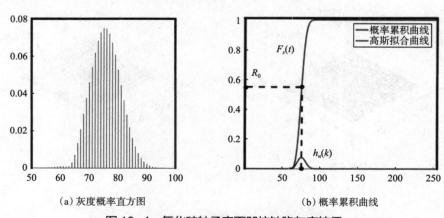

（a）灰度概率直方图　　　　　　　（b）概率累积曲线

图 10-4　氮化硅轴承表面凹坑缺陷灰度特征

如图 10-5 所示为通过概率累积曲线解得的无缺陷背景模板，图 10-5（a）为生成的无缺陷模板二维图像，模板中无明显的噪点，灰度分布均匀；图 10-5（b）为对应的三维灰度图，生成的无缺陷背景模板灰度分布均匀平缓，与给定缺陷图像背景相比，灰度概率具有相同的分布模型，纹理分布相似，进一步验证了该背景模型的有效性。

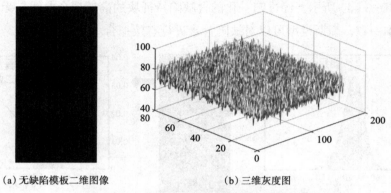

(a) 无缺陷模板二维图像   (b) 三维灰度图

图 10-5　氮化硅轴承表面无缺陷背景模板

10.3.2　氮化硅轴承多类型缺陷图像与无缺陷图像的多尺度分解

（1）缺陷图像多尺度分解

采用基于 Daubechies4 小波的 SWT 对缺陷图像进行分解，且分解级数为 3 的平稳小波变换对缺陷图像进行多尺度分解，在该条件下，缺陷图像分解效率与质量综合性能佳。图 10-6 所示为缺陷图像的第三层分解系数，分析各分解系数特征，图像的缺陷信息特征主要保留在低频系数中，低频系数三维图中，背景均匀平坦，缺陷信息明显异于背景，在垂直分解系数、水平分解系数和对角分解系数中，均保留大量的背景信息，背景部分存在许多凸起噪点。为了提高缺陷与背景的对比度，提高缺陷检测效率与精度，有必要对分解系数进行处理，增强图像区域信息，提高对比度。

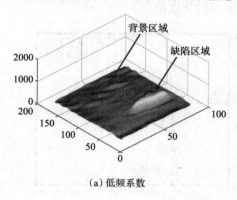

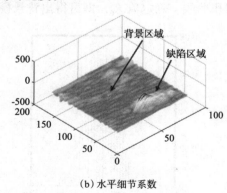

(a) 低频系数   (b) 水平细节系数

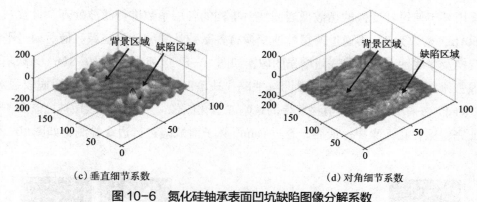

（c）垂直细节系数　　　　　　　　　　（d）对角细节系数

图 10-6　氮化硅轴承表面凹坑缺陷图像分解系数

（2）无缺陷模板多尺度分解

采用相同参数对无缺陷背景模板进行多尺度分解，图 10-7 所示为无缺陷背景模板的第三层分解系数。在各分解系数中，各值分布均匀平坦，无明显异于背景的凸起噪点，该无缺陷背景能较好地根据给定缺陷图像的信息特征，对其背景进行拟合，为进一步增强缺陷信息提供基础。

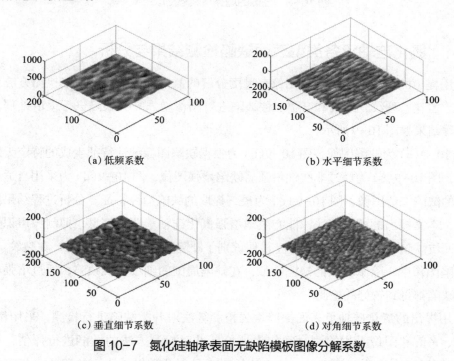

（a）低频系数　　　　　　　　　　　　（b）水平细节系数

（c）垂直细节系数　　　　　　　　　　（d）对角细节系数

图 10-7　氮化硅轴承表面无缺陷模板图像分解系数

10.3.3　氮化硅轴承多类型缺陷的系数重构与增强过程分析

缺陷信息主要由缺陷图像的高频分解系数决定，均匀背景可由无缺陷背景模板的高频系数进行拟合，令缺陷图像的各级低频系数与无缺陷背景模板的高频系数进行重构。采用基于傅里叶变换的指数低通滤波对重构的各层系数进行滤波处理，设置截止频率为 60Hz，指数为 3，再通过傅里叶逆变换将各系数从频域转到空域。最后通过平稳小波逆变换及非线性增强获得缺陷增强图像，如图 10-8（a）所示。图 10-8（b）为缺陷增强处图像三维图，图中可以显示明显凹坑缺陷，缺陷区域与周围背景区域形成较强对比。图 10-8（c）为采用自适应阈值法获得的缺陷二值化图像，可见缺陷区域被完整分割，缺陷特征完整保存且无噪声；最后，通过 canny 算子对缺陷进行边缘检测，如图 10-8（d）所示。

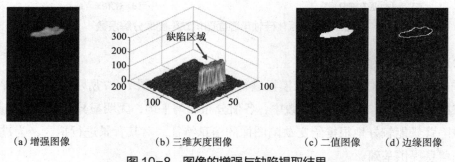

  （a）增强图像   （b）三维灰度图像   （c）二值图像   （d）边缘图像

图 10-8　图像的增强与缺陷提取结果

10.3.4　氮化硅轴承各类型表面缺陷检测结果与分析

采用提出的基于高斯模型与图像多尺度分解的氮化硅轴承表面缺陷检测方法对表面的凹坑、雪花、裂纹、划痕和磨损 5 种缺陷进行图像增强并对缺陷进行提取处理，主要处理过程结果如图 10-9 所示。

图 10-9（a）为缺陷图像，图 10-9（b）为根据缺陷图像统计特征生成的特定无缺陷背景模板，图 10-9（c）为经过非线性增强后缺陷增强图像，图 10-9（d）为采用自适应阈值法分割的缺陷二值图像，图 10-9（e）为最终提取的缺陷边缘特征。分析过程结果图像可以看出，本文提出的增强算法，能有效地增强氮化硅轴承缺陷信息，抑制噪声识别缺陷目标。凹坑缺陷通过该增强算法，完整地识别了缺陷特征，提取出边缘；在裂纹、划痕、磨损缺陷图像中，除了较大的缺陷特征，在缺陷周围的细小凹坑缺陷，通过增强检测算法，各缺陷都得到较好的检测。

采用提出的氮化硅轴承表面缺陷增强检测算法对各类缺陷进行检测，采用精确率、召回率、F 值和图像平均检测时间作为评价标准对检测方法的性能进行评估，结果如表 10-1 所示。在检测精度方面，该方法针对五种氮化硅轴承表面缺陷具有较高的检测精确率，由于裂纹缺陷信息相比其他缺陷较复杂，检测精确率较低，为 96.1%，五种缺陷的平均精测精确度为 96.4%；在检测效率上，通过计算每组缺陷平均检测时间，五种缺陷平均处理时间相差较小，整体平均检测时间为 0.78s。结果表明，本文提出的氮化硅轴承表面缺陷增强检测算法是可行的，缺陷处理时间较短，且具有足够的精度。

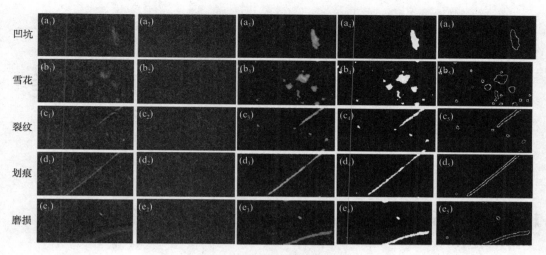

图 10-9　缺陷检测结果

表 10-1　不同缺陷的检测结果

缺陷类型	精确率（%）	召回率（%）	F 值（%）	平均时间（s）
凹坑	96.3	97.3	95.4	0.82
雪花	96.8	97.5	96.1	0.77
裂纹	96.1	96.4	95.8	0.74
划痕	96.2	96.7	95.9	0.72
磨损	96.3	96.6	96.2	0.83
平均值	96.4	96.9	95.9	0.78

第 11 章　氮化硅轴承缺陷检测与分类方法多维度算法模型及采集平台搭建

11.1　氮化硅轴承缺陷检测与分类图像处理算法模型

11.1.1　氮化硅轴承缺陷图像预处理

在图像处理过程中，与图像处理相关的方法众多，而图像预处理步骤是不可或缺的。在缺陷图像采集和传输过程中，由于受到 CCD 相机、镜头、图像采集卡等硬件性能及光源等外部环境的影响，采集到的缺陷图片通常不可避免地包含各类噪声，这将会导致获取的图像质量降低，并对后续的图像分割、图像分类和图像分析等上层操作产生较大影响。因此，在进一步处理缺陷图像之前，要对图像做预处理，便于后期处理。图像预处理的方法包括图像灰度化、图像去噪、几何变换等。

（1）图像灰度化处理

灰度图像是指只含有亮度信息，不含彩色信息的图像。图像灰度化的原理就是在 RGB 图像中，每个像素的 R、G、B 完全相同，即 $R=G=B$，三个通道的值相等，该图像就是灰度图像。灰度图像的每个像素存放灰度值仅需一个字节，灰度范围为 0~255。图像灰度化的方法主要有分量法、最大值法、平均值法、加权平均法四种，由于分量法、最大值法、平均值法实现简单，都是对三个分量做同等处理，但并未考虑不同分量的重要性，在灰度化过程的效果并不理想，所以这里主要介绍加权平均法。

根据重要性及其他指标，将三个分量以不同的权值进行加权平均，然后计算加权结果，并将加权后的均值作为灰度化的结果。各个颜色的系数由国际电讯联盟根据人眼的适应性确定。因此，按式（11-1）对 R、G、B 三个分量进行加权平均能得到较合理的灰度图像。

$$T(x,y) = 0.299R(x,y) + 0.587G(x,y) + 0.114B(x,y) \tag{11-1}$$

式中：(x,y) 为图像像素值位置；$R(x,y)$、$G(x,y)$、$B(x,y)$ 为三个分量的值；$T(x,y)$ 为灰度图像值。

（2）图像去噪

图像中各种妨碍人们对其信息接受的因素即可称为图像噪声。图像噪声是存在于图像数据中多余或不必要的干扰信息。噪声不可预测，是只能通过概率统计方法来认识的随机误差，因此，图像噪声也可以看作是一个多维随机过程，可以用随机过程来描述。由于描述方法的复杂性，因此实际生活中可以选择随机过程的概率分布函数和概率密度函数来对图像噪声进行描述。在缺陷图像处理方面，常见的噪声有高斯噪声、泊松噪声、乘性噪声、椒盐噪声等。对于不同类型的噪声图像，需采用不同的滤波器对其进行滤波，以减少图像中的噪声。比较常用的图像去噪滤波方法有：均值滤波、中值滤波、高斯滤波等。

① 均值滤波。均值滤波属于线性方法，主要采用的方法为邻域平均法，使用图像目标区域像素值的均值来代替原图像素值，即可将目标图像整个窗口范围内的像素值平均化。其数学计算表达式如式（11-2）所示：

$$g(x,y) = \frac{\sum\limits_{(x,y) \in s} f(x,y)}{N} \tag{11-2}$$

式中：(x,y) 为目标像素点；S 为像素点 (x,y) 及其临近点构成的模板；N 为该模板中像素点个数；$f(x,y)$ 为目标像素点滤波前灰度值；$g(x,y)$ 为目标像素点滤波后灰度值。

常用的均值滤波模板大小一般有 3×3 和 5×5 两种，模板的大小和形状决定了滤波效果，均值滤波的模板尺寸越大，降噪效果越好，但随着平滑效果的增强，目标图像中的细节也会变得模糊。以 3×3 均值滤波器为例，均值滤波器算法原理如图 11-1 所示。图 11-1（a）为滤波前图像，图 11-1（b）为 3×3 均值滤波模板，将模板按式（11-2）对滤波前图像计算得到图 11-1（c）均值滤波后的图像。

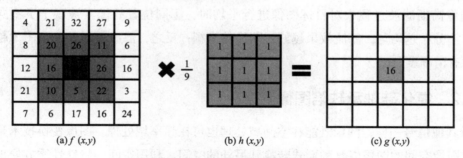

(a) $f(x,y)$　　　　　　(b) $h(x,y)$　　　　　　(c) $g(x,y)$

图 11-1　均值滤波器算法原理

② 中值滤波。中值滤波是基于统计排序理论的非线性滤波图像处理方法，在图像去噪过程的同时能有效地保护图像的边界信息，与均值滤波器相比，不会对图像造成太大的模糊。中值滤波对于某些类型的随机噪声拥有较好的去噪效果，并能很好地克服滤除噪声时导致的模糊效应，因此得到了广泛应用。其数学计算表达式如式（11-3）所示：

$$g(x,y) = \text{MED}\big\{ f(x-m, y-n), (m,n) \in Z \big\} \tag{11-3}$$

式中：(x,y) 为目标像素点；Z 为中值滤波器模板；MED 为取中值操作；$f(x-m, y-n)$

为滤波前目标图像中一点的像素值；$g(x, y)$ 为中值滤波后的像素值。

中值滤波的关键是选择合适的模板大小和形状，常用的中值滤波模板有线状、十字形、方形、菱形等。中值滤波器算法原理如图 11-2 所示，将图 11-2（a）输入图像中以某像素点为中心形成一个模板，然后将这个模板在图像上扫描，把模板中的像素点按灰度的大小进行排列，取位于中间的灰度值来代替该点的原先的灰度值，得到图 11-2（b）输出图像。

图 11-2　中值滤波器算法原理

③高斯滤波。高斯滤波是一种线性平滑滤波，它将正太分布应用于图像处理中，适用于消除符合正态分布的噪声，能够对图片进行模糊处理，使图像变得平滑，从而让图片产生模糊的效果。二维高斯函数公式如式（11-4）所示。

$$G(x, y) = \frac{1}{2\pi\sigma^2} e^{-\frac{x^2+y^2}{2\sigma^2}} \tag{11-4}$$

式中：(x, y) 为坐标原点的坐标值；σ 为正态分布的标准偏差，决定了高斯函数的宽度；$G(x, y)$ 为高斯函数。

图像高斯滤波过程中对目标图像进行平均时，不同位置的像素被赋予了不同的权重。权重分布越均匀，滤波效果越好，图像越模糊；反之，滤波效果越差，图像越能保留其原有清晰度。

11.1.2　氮化硅轴承缺陷图像变换

像其他信号一样，图像既能在空间域处理也可在频率域处理。图像变换技术是将原定义在图像空间的图像以某种形式转换到另外的空间，利用空间的特殊性质方便地进行一定的处理，最后再转换回图像空间以得到所需的效果，达到高效、快速地处理和分析目标图像的目的。常用的图像变换技术有傅里叶变换、小波变换等。

（1）傅里叶变换

傅里叶变换是函数在空间域和频率域上的变换，从空间域变换到频率域称为傅里叶变换，而从频率域变换到空间域称为傅里叶的反变换。傅里叶变换具有共轭对称性、周期性、旋转不变性等特点，为了能够在图像处理领域使用计算机进行傅里叶变换，则必须将函数定义在离散点上且要满足有限性或周期性条件。图像本质上是一个二维的数表或矩阵，二维离散傅里叶变换（Two dimensional discrete fourier transform, 2D-DFT）能够将图像从空间域转换到频域，变换后能更加清晰直观地观察和处理图像，同时也更有利于进行频率域滤波等进一步操作。采用二维离散傅里叶对目标图像进行变换及反变换，其数学计算如下：

$$F(u,v) = \frac{1}{MN} \sum_{x=0}^{M-1} \sum_{y=0}^{N-1} f(x,y) \mathrm{e}^{-j2\pi\left(\frac{ux}{M}+\frac{vy}{N}\right)} \tag{11-5}$$

$$f(x,y) = \sum_{x=0}^{M-1} \sum_{y=0}^{N-1} F(u,v) \mathrm{e}^{j2\pi\left(\frac{ux}{M}+\frac{vy}{N}\right)} \tag{11-6}$$

式中：M、N 为图像尺寸；u、v 为频率变量，$u=0, 1, 2, \cdots, M\text{-}1$，$v=0, 1, 2, \cdots, N\text{-}1$；$x$、$y$ 为空间域图像变量，$x=0, 1, 2, \cdots, M\text{-}1$，$y=0, 1, 2, \cdots, N\text{-}1$；$j$ 为虚数，$j = \sqrt{-1}$；$F(u, v)$ 为二维离散傅里叶变换；$f(x, y)$ 为二维离散傅里叶反变换。

（2）小波变换

小波变换是建立在傅里叶分析、泛函分析、调和分析及样条分析基础上的一种新的变换分析方法。小波变换克服了窗口尺寸不随频率变化的缺点，承继和开展了短时傅立叶变换局部化的思维，成为信号时频分析和处理的主要工具之一。相比于傅里叶变换，小波变换属于空间和频率的局部变换，具有伸缩和平移等特点，能从信号中最大效果地获取所需信息，对其进行多尺度的细化分析，拥有多分辨率分析的能力，能够很好地解决傅里叶变换难以解决的问题。

在图像处理中，需要将连续的小波及其小波变换进行离散化处理。一般采用二进制离散处理，将经过这种离散化的小波及其相应的小波变换转变成为离散小波变换（Discrete wavelet transform, DWT）。离散小波变换将一幅图象分解为大小、位置和方向都不同的分量。将图像作小波分解后，可得到一系列不同分辨率的子图像，小波变换正是沿着多分辨率这条线发展起来的。

目标图像的二维离散小波分解与重构过程如图 11-3 所示。首先，进行二维离散小波分解过程，第一步，先将目标图像进行行分解，获得水平方向上的低频分量 L 和高频分量 H；第二步，对其进行列分解，得到水平与垂直方向上的低频分量 LL、高频分量 HH，水平低频信号与垂直高频信号的分量 LH，水平高频信号与垂直低频信号的分量 HL。后续进行二维离散小波重构过程，先对变换后的每列进行一维离散小波逆变换，再对每行进行一维离散小波逆变换，最终可以获得重构的图像。

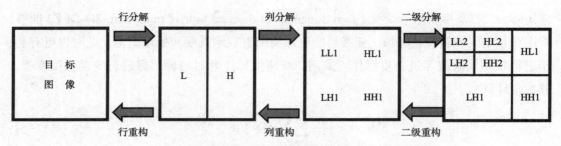

图 11-3　目标图像的二维离散小波分解与重构过程

11.1.3　氮化硅轴承缺陷图像边缘检测

　　图像边缘指的是目标边缘附近的像素灰度值快速变化的像素集合，一般位于目标、背景和区域之间，是图像分割的重要特征之一。图像边缘检测能够有效减少数据量的使用，并将不相关的冗杂噪声等影响因素去掉，从而保留下图像目标区域。

　　图像边缘检测是基于边缘分割部位的检测，不同的图像灰度不同，通过搜寻不同区间的边界，对目标图像进行分割，从而构成分割区域。边缘检测算子通过查找每个像素的邻域并量化其灰度值来进行边缘提取。通过使用合适的边缘检测算子可以提取目标分割区域的边界，连接并标记边界内的像素集合。常用的边缘检测算子有 Roberts 算子、Prewitt 算子、Sobel 算子、Laplacian 算子、Canny 算子等。

　　（1）Roberts 算子

　　Roberts 算子是最简单的算子，它使用局部差分算子来寻找边缘，利用对角线方向相邻两像素之差来近似梯度幅值，从而检测边缘。其边缘定位精度高，水平方向与垂直方向效果好，适用于噪声较少、边缘明显的图像。Roberts 算子如图 11-4 所示。

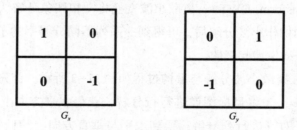

图 11-4　Roberts 算子

　　（2）Prewitt 算子

　　Prewitt 算子属于一阶微分算子边缘检测方法，通过像素点上、下、左、右邻点的灰度差，在图像边缘处达到极值进而检测边缘，能够去除一些伪边缘。对低噪声、低层次的图像有很好的平滑效果。Prewitt 算子如图 11-5 所示。

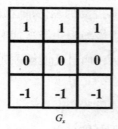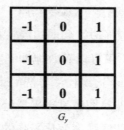

图 11-5　Prewitt 算子

（3）Sobel 算子

Sobel 算子对图像中每个像素点的灰度值进行上、下、左、右四个区域的加权差，在边缘处达到极值以此来检测边缘。Sobel 算子属于离散性差分算子，不仅检测效果好，而且对噪声有较好的平滑抑制效果，但是分割出来的目标边缘比较粗，可能存在伪边缘的情况。Sobel 算子如图 11-6 所示。

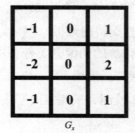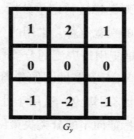

图 11-6　Sobel 算子

（4）Laplacian 算子

Laplacian 算子具有各方向同性的特点，属于用二阶导数提取边缘，它是一种各向同性的边缘提取算子，能够对任意方向的边缘进行提取。Laplacian 算子能够准确定位图像中的阶跃边缘点，对噪声非常敏感，可能会丢失一些边缘方向信息，导致图像边缘检测的不连续。Laplacian 算子如图 11-7 所示。

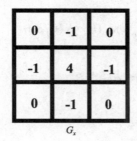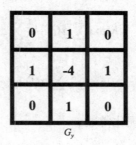

图 11-7　Laplacian 算子

（5）Canny 算子

在边缘检测函数中，最有效的边缘检测方法是 Canny 方法。Canny 的目标是找到一种最优的边缘检测算法，不易受噪声干扰，能真实检测到图像弱边缘。Canny 算子采用双阈值分别检测图像强边缘和弱边缘，只有当弱边缘与强边缘连通时，弱边缘才会包含在输出图像中。这不仅可以有效地抑制多响应边缘，而且还能够改善边缘定位，有效减少边缘的漏检。Canny 边缘检测算法的步骤如下：

①应用高斯滤波对图像进行平滑处理，从而去除噪声；

②找寻图像中灰度强度变化最强的位置，得到强度梯度；

③采用非极大抑制方法将模糊的边界变得清晰，以此消除边缘误检；

④使用双阈值技术来确定可能的阈值边界；

⑤利用滞后技术来对阈值边界进行跟踪。

11.1.4 氮化硅轴承缺陷图像分类方法

图像分类是根据图像信息中反映的不同特征来区分不同种类物体的一种图像处理方法。它利用计算机对图像进行定量分析，将图像中的每个像素或区域归入几个类别中的一个，以代替人类的视觉解释。常用的分类器包括支持向量机（SVM）、随机森林等。使用该方法的 SVM 是应用最广泛的分类器，它在传统的图像分类任务中表现良好，该分类方法在 PASCAL VOC 竞赛的图像分类算法中被广泛使用。

SVM 基于统计学习理论，适用于处理小样本检测，采用径向基核函数的 SVM 对表面缺陷进行处理，特征向量的分类决策函数为：

$$T(s) = \text{sign}(\sum_{i=1}^{X} \alpha(i)\lambda_w(i)\gamma(K(i), K) + A) \tag{11-7}$$

$$\gamma(K(i), K) = (-k\|K(i) - K\|^2) \tag{11-8}$$

式中：$\alpha(i)$ 为拉格朗日乘子；X 为训练样本数；λ_w 为训练样本的标签；$K(i)$ 为训练样本；A 为偏置；γ 为径向核函数，k 是核参数。

结合式（11-7）、式（11-8），采用拉格朗日法对优化函数重新表述：

$$\text{Max}(\sum_{i=1}^{X} \alpha(i) - \frac{1}{2}\sum_{l=1}^{X} \alpha(i)\alpha(l)\lambda_w(i)\lambda_w(l)\gamma(K(i), K)) \tag{11-9}$$

$$\sum_{i=1}^{N} \alpha(i)\lambda_w(i) = 0, \quad 0 \leq \alpha(i) \leq B \tag{11-10}$$

式中：B 为正规化常数。

11.2　氮化硅轴承缺陷检测与分类深度学习算法模型

11.2.1　卷积神经网络

基于深度学习的目标检测方法主要使用卷积神经网络进行建模，能够对复杂原始数据有效处理，在图像处理领域非常有效。卷积神经网路发展源于多层感知机，是一种以图像识别为中心，并且在多个领域得到广泛应用的深度学习方法。

LeCun Y 于 1998 年提出了第一个卷积神经网络——LeNet，它是在神经认知机的基础上，引入了误差反向传播算法，进而得到了卷积神经网络。卷积神经网络由一个或多个卷基层和顶端的全连通层组成，同时也包括关联权重和池化层。这一结构使得卷积神经网络能够利用输入数据的二维结构。卷积神经网络结构如图 11-8 所示。

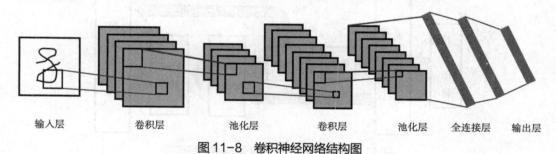

| 输入层 | 卷积层 | 池化层 | 卷积层 | 池化层 | 全连接层 | 输出层 |

图 11-8　卷积神经网络结构图

卷积神经网络主要由输入层、卷积层、池化层、全连接层和输出层这 5 部分构成。首先将图像转换为二维数字矩阵，然后对其进行初步的特征提取，再对由卷积所产生的特征矩阵分区域对统计特征进行提取，从而得到更小的特征矩阵，然后再将各部分特征整合，使用 ReLU 激活函数输出特征值，最后通过 Softmax 函数根据输出层输出的各个特征值以及最大似然估计，给出图像分类结果，进而完成分类。

目前主流的基于深度学习的卷积神经网络目标检测模型主要分为两类。第一类为 Two-stage 算法，该类算法先生成一系列作为样本的候选框，再通过卷积神经网络进行样本分类；第二类为 One-stage 算法，该类算法直接对物体的类别概率和位置坐标值进行回归，但准确度低，速度相比 Two-stage 快。接下来对 Two-stage 算法与 One-stage 算法两类型算法进行理论分析。

11.2.2　Two-stage 网络算法模型

Two-stage 算法通过利用卷积神经网络来完成目标检测过程。该类算法大致分为两步，第一步先产生区域建议网络（RPN），生成相关的候选框，第二步再对产生的相关候选框进行分类与回归，完成目标检测。Two-stage 目标检测网络的检测步骤如下：首先，输入原始图像，利用卷积神经网络对原始图像的深度特征进行提取，成为主干网络后，采用迁移学习方法使具有优异性能的卷积神经网络移植到特征学习中；接下来，对候选框使用 RPN 网络进行初步提取与分类，分离出目标的前景与背景；然后，对候选区域位置进行回归，通过全连接层得到相对应的目标特征；最后，对候选目标进行判定并对目标位置进行精确提取。目前，常用的 Two-stage 算法包括 R-CNN 算法、SPP-Net 算法、Fast R-CNN 算法、Faster RCNN 算法等。Faster R-CNN 是目前学术上用得非常多的目标检测算法，下面将着重阐述 Faster R-CNN 基本原理。

针对 R-CNN 和 Fast R-CNN 检测速度较慢的问题，Faster R-CNN 提出了 RPN 网络来进行候选框的获取，从而摆脱了选择性搜索算法，也只需要一次卷积层操作，从而大大提高了识别速度。该模型可以进行改进的地方很多，网络的算法的优化空间很大。Faster R-CNN 基本网络结构如图 11-9 所示。

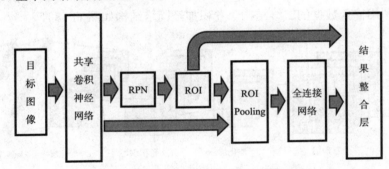

图 11-9　Faster R-CNN 基本网络结构图

Faster R-CNN 检测过程主要分为四个步骤：

（1）卷积层

目标图像经过多层卷积神经网络，提取缺陷图像的特征图（Feature maps）。该特征图将被共享于后续的 RPN 网络和全连接层使用。这将极大地缩短程序计算时间。

（2）RPN 层

RPN 层属于全卷积网络，用于生成候选框，并利用 Softmax 判断候选框是前景还是背景，从中选取前景候选框，并利用边界框回归（Bounding box regression）调整候选框的位置，从而得到特征子图。

（3）ROI Pooling 层

ROI Pooling 层主要就是根据特征图和候选区域来提取真实区域对应的特征图，并将大小不同的候选区域的特征图转化为固定的大小。

（4）分类与回归

对上述过程获得的候选区域中的目标进行分类，后利用边框回归得到图像目标位置。

11.2.3　One-stage 网络算法模型

针对 Two-stage 目标检测算法普遍存在的运算速度慢的缺点，YOLO（You Only Look Once）创造性地提出了 One-stage。One-stage 算法未使用 Two-stage 算法中的区域建议网络，而是通过训练主干网络取得目标位置信息及类别。One-stage 算法能够直接回归目标图像的位置坐标及其坐标概率，很大程度地提升了检测速度。目前常用的 One-stage 算法有 YOLO 算法、SSD 算法等。Faster R-CNN 方法是目前主流的目标检测方法，但是速度上并不能满足实时的要求，而 YOLO 一类的方法能够解决这个问题。YOLOv5 是目前 YOLO 方法的最新系列之一，它使用 Pytorch 框架，对用户非常友好，能够方便地训练自己的数据集，模型训练也非常快速，并且批处理推理产生实时结果，识别速度非常快。

发布的 YOLOv5 官方代码里，其检测网络按照深度和特征图宽度共有四个版本，依次为 YOLOv5x、YOLOv5l、YOLOv5m、YOLOv5s。其中 YOLOv5s 是深度和特征图宽度均最小的网络，其余三类是在此基础上，对检测网络进行了加深、加宽。YOLOv5 体系结构如图 11-10 所示。

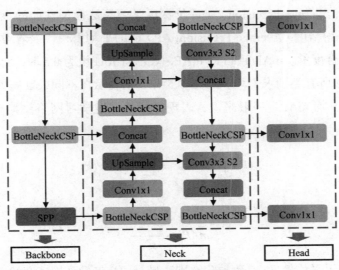

图 11-10　YOLOv5 体系结构图

该网络结构主要由三个部分组成：

（1）Backbone 部分

Backbone 部分主要包含了 BottleNeckCSP 和 Focus 模块。BottleNeckCSP 模块不仅增强了整个卷积神经网络的学习性能，而且大大降低了计算量；Focus 模块对图片进行切片，将输入通道扩展到原来的 4 倍，通过 1 次卷积得到下采样特征图，在实现下采样的同时减少了计算量，提高了速度。

（2）Neck 部分

Neck 部分包含众多图像特征的网络层，并将图像特征传递到预测层。主要采用了 FPN 与 PAN 相结合的结构，将常规的 FPN 层与特征金字塔进行结合，将提取的语义特征与位置特征相融合，同时融合主干层和检测层的特征，使模型能够获得更丰富的特征信息。

（3）Head 部分

Head 部分主要对图像特征进行预测，生成边界框并预测类别。检测网络由三层检测层组成，不同大小的特征图用于检测不同大小的目标对象，最后生成并标记原始图像中目标的预测边界框和类别。

11.2.4 深度学习模型评价方法与指标

一个深度学习模型在各类任务中的表现都需要定量的指标来进行评估，模型评价指标是用于评价深度学习模型性能和设计模型的重要依据。对于氮化硅轴承缺陷检测与分类网络检测模型，将主要从分类精度、分类效率和定位精度这三个方面对其性能进行评估。主要由以下指标对目标检测及分类网络性能进行评估。

mAP（mean Average Precision）是评价深度学习算法模型性能的重要指标，它是多种缺陷类别的平均精度（Average Precision, AP）值的平均值，代表着对检测到的目标平均精度的一个综合度量。mAP@0.5 即 mAP，表示将 IoU 设为 0.5 时，计算每一类的所有图片的 AP，然后所有类别求平均。mAP@.5：.95 则表示在不同 IoU 阈值（从 0.5 到 0.95，步长 0.05）上的平均 mAP。一般来说，表现越好的深度学习网络，其 mAP 越高。计算公式如下：

$$AP = \int_0^1 p(r)\mathrm{d}r = \sum_{k=1}^{N} P(k)\Delta r(k) \tag{11-11}$$

$$mAP = \frac{\sum_{i=1}^{C} AP_i}{C} \tag{11-12}$$

式中：AP 表示平均精度；C 为缺陷类别数量；mAP 表示平均精度的平均值。

准确率一般用来评估模型的全局准确程度，衡量的是正确分类的样本数量占所有样本数量的百分比。精确率是被分类正确的样本数在所有的样本数中的占比，通常来说，精确率越高，分类器越好。召回率是覆盖面的度量，指实际为正样本中被预测为正样本所占实际为正样本的比例，是分类器找到所有正样本的能力。精确率是模型预测为正样本的示例中实际也为正样本占被预测为正样本的比例。计算公式如下：

$$\text{Accuracy} = \frac{TP + TN}{TP + FP + FN + TN} \tag{11-13}$$

$$\text{Precision} = \frac{TP}{TP + FP} \qquad (11-14)$$

$$\text{Recall} = \frac{TP}{TP + FN} \qquad (11-15)$$

式中：TP（True Positives）表示实际为正样本且被分类器划分为正样本的个数；FP（False Positives）表示实际为负样本且被分类器划分为正样本的个数；FN（False Negatives）表示实际为正样本且被分类器划分为负样本的个数；TN（True Negatives）表示实际为负样本且被分类器划分为负样本的个数。

IoU（Intersection-over-Union）表示交并比，是测量在特定数据集中检测相应物体准确度的标准，用于衡量真实边框与预测边框的相似性，范围在 0 到 1 之间。

$$IoU = \frac{S_A \bigcap S_B}{S_A \bigcup S_B} \qquad (11-16)$$

式中：A 表示预测框，S_A 表示 A 的面积；B 表示真实框，S_B 表示 B 的面积；$S_A \cap S_B$ 表示两区域重叠部分；$S_A \cup S_B$ 表示两区域包含总面积。

$F1$-score 又称为平衡 F 分数（Balanced F Score），它被定义为精准率和召回率的调和平均数。$F1$-score 指标综合了 Precision 与 Recall 的结果。$F1$-Score 的取值范围在 0 到 1 之间，1 表示模型的输出结果最好，0 表示模型的输出结果最差。

$$F1 - \text{score} = \frac{2}{\dfrac{1}{\text{Precision}} + \dfrac{1}{\text{Recall}}} = \frac{2\text{Precision} \times \text{Recall}}{\text{Precision} + \text{Recall}} \qquad (11-17)$$

11.3　氮化硅轴承缺陷检测与分类采集平台搭建过程

氮化硅轴承缺陷图像的准确采集是检测和分类研究的前提。采集平台设计的合理性决定了能否采集到高质量的表面缺陷图像，而对表面缺陷图像进行有效的处理，将直接关系到后期检测与分类算法的有效性。因此，针对氮化硅轴承的特性，搭建了氮化硅轴承缺陷检测与分类平台，并制作氮化硅轴承缺陷图像数据集。

11.3.1　氮化硅轴承制备过程

氮化硅轴承的制备过程主要包括氮化硅粉末制备过程、球坯等静压成型过程、球坯烧结过程、轴承球精加工过程。氮化硅轴承的制备过程如图 11-11 所示。

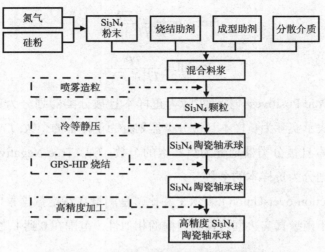

图 11-11　氮化硅轴承的制备过程

首先将高纯硅粉装入高温真空气氛炉（SG-GZXL1400/SG-ZXL1700，中国科学院上海光学精密机械研究所），通入氮气后生成氮化硅粉末，而后加入成形助剂、烧结助剂以及分散助剂，形成混合料浆。然后将混合料浆通过超声波雾化喷嘴经喷雾干燥后生成氮化硅颗粒。再经冷等静压成型机（LDJ300/400-300YS-CB，太原市东龙机械有限公司）压制成氮化硅轴承坯，后采用气压 - 热等静压（GPS-HIP）烧结处理，制备出氮化硅轴承。此时，制备出的氮化硅轴承烧结后的表面存在少量毛刺，仍比较粗糙。最后采用盘式振动研磨仪（F-VD300，湖南弗卡斯实验仪器有限公司）进行精细研磨加工，得到高精度氮化硅轴承。

11.3.2　氮化硅轴承实验试件

制备得到的高精度氮化硅轴承实验试件实物图及尺寸大小如图 11-12 所示。高精度氮化硅轴承实验试件呈炭黑色，直径为 12 mm。氮化硅轴承表面已经变得比较光滑，但在生产加工过程中，仍不可避免地会在氮化硅轴承表面产生大量人工视觉可辨别或不可辨别的缺陷。

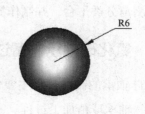

（a）Si_3N_4 陶瓷轴承球试

（b）Si_3N_4 陶瓷轴承球尺

图 11-12　氮化硅轴承实验试件的实物及尺寸图

11.3.3　氮化硅轴承缺陷检测与分类平台

实验过程处于 Windows10 系统下基于 Python3.8.0 中使用，它提供了一个用于构建深度学习模型架构的库。环境配置采用 Pytorch 1.40、VS2017、CUDA10.1、CUDNN7.0、tensorboardX、Visdom 等，所用 CPU 为 Intel 酷睿 i7-8700K 3.70 GHz，GPU 为 NVIDIA GeForce GTX 1080 Ti。

为获取氮化硅轴承缺陷图像，自主搭建了氮化硅轴承缺陷检测与分类平台。氮化硅轴承缺陷检测与分类平台结构示意图如图 11-13 所示。该检测与分类平台主要由高性能计算机（ThinkStation P920）、体视显微镜（RICOH FL-YFL3528）、CCD 相机（MER2-2000-6Gx）、图像采集卡（OK_C20A-E）、碗状无影光源（DCCK-HEM-150 W）等构成。首先将轴向旋转装置置于装载平台上，在上面安装同步旋转装置，将氮化硅轴承放置在上面，通过相互调节，使得拍摄范围能够覆盖整个球面。后将碗状无影光源打开，调至适宜高度，用立体显微镜与 CCD 相机对准氮化硅轴承的中心表面，调至图像清晰。借助轴向旋转装置、同步旋转装置、体视显微镜、CCD 相机等相互调节，对氮化硅轴承缺陷图像数据进行采集，将采集到的缺陷图像数据输入至高性能计算机，制作成氮化硅轴承缺陷图像数据集。

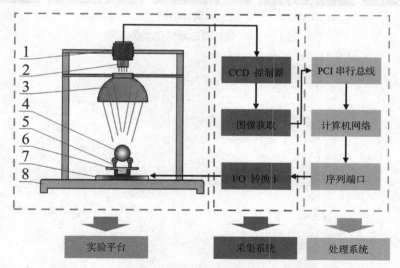

图 11-13　氮化硅轴承缺陷检测与分类平台结构示意图

1—CCD 相机　2—工业摄像机　3—圆顶无影光源　4—Si_3N_4 陶瓷轴承球　5—同步旋转辊
6—径向旋转装置　7—底座　8—支撑平台

11.3.4　氮化硅轴承缺陷类型

目前，氮化硅轴承缺陷数据普遍不足，由于不同研究中数据集在数量、组成、分布和分类等方面存在主观性差异，相关工作可比性较差，互联网上并没有公开或开源的氮化硅轴承缺陷数据集用于此项研究。因此，通过自主搭建的氮化硅轴承缺陷检测与分类系统，建立了氮化硅轴承缺陷数据集。通过氮化硅轴承缺陷检测与分类平台观测氮化硅轴承表面，可将缺陷主要分为凹坑、划痕、磨损、雪花、裂纹五类。氮化硅轴承缺陷类型示例如图11-14所示。凹坑缺陷呈局部块状脱离，带有痘状剥落坑，是由于在研磨阶段，尖锐磨粒在挤压作用下，压入氮化硅轴承表面局部较软部分，在残余应力的作用下发生扩展，局部脱落所致；划痕缺陷呈细长线状、痕迹较浅，主要是由于磨粒在氮化硅轴承滚动，并与研磨盘挤压，导致氮化硅轴承表面材料划伤形成的；磨损缺陷呈带状、无明显凹陷，主要是由于氮化硅轴承与研磨盘和磨粒间发生激烈碰撞，导致氮化硅轴承表面磨损所致；雪花缺陷呈大面积疏松白斑，主要由于氮化硅轴承烧结制备过程转化不均所致；裂纹缺陷呈环状或直线状，主要是由于研磨盘与氮化硅轴承间产生巨大冲击，在材料表面的气孔、夹杂物等材料固有缺陷处形成并不断扩展所致。

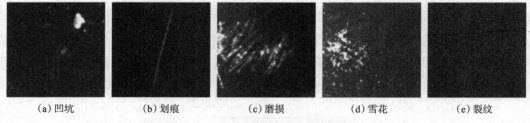

(a) 凹坑　　　　(b) 划痕　　　　(c) 磨损　　　　(d) 雪花　　　　(e) 裂纹

图11-14　氮化硅轴承缺陷类型示例

第12章 基于平稳小波变换的氮化硅轴承缺陷图像多尺度分解增强算法

12.1 氮化硅轴承缺陷图像信息特性分析

12.1.1 氮化硅轴承实验样本

在采集氮化硅轴承缺陷图像过程中，球表面清洁程度、图像采集系统误差和周围采集环境等因素将会极大影响后续的图像处理过程。可以发现，在图像中，缺陷区域与正常区域的对比度较低，图像中噪声较高，给缺陷识别带来困难，因此，对氮化硅轴承缺陷图像进行增强处理变得至关重要。以划痕缺陷为例，氮化硅轴承表面划痕缺陷二维及三维图像如图 12-1 所示。

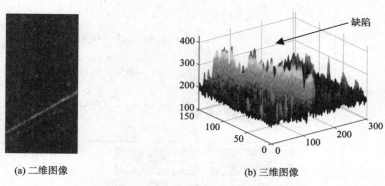

(a) 二维图像 (b) 三维图像

图 12-1　氮化硅轴承表面划痕缺陷图像

12.1.2 缺陷图像信息分析

氮化硅轴承表面图像信号一般包含缺陷信号、背景信号和噪声信号。缺陷信号和背景信号这两种信号都处于频域或小波域的低频子带内。氮化硅轴承缺陷图像中，缺陷区域的灰度值高于正常区域的灰度值，缺陷区域的灰度值对应于缺陷信号，而正常区域的灰度值对应于背景信号，两类信号在图像中灰度变化缓慢，因此信号可在指数低通滤波后被保留。噪声信号位于频域或小波域的高频子带内，这不利于缺陷的识别。如图 12-1（a）所示的图像中有大量的噪点，这些点都是来自于噪声，采用阈值分割的方法去除这些噪声，而在缺陷区域内有些有可能会误认为正常区域，可以通过指数低通滤波在频域或小波域来消除。

12.2 图像增强算法设计

12.2.1 SWT 算法分析

平稳小波变换是在正交小波变换基础上提出的一种小波变换，能克服正交小波变换对图像存在的不足，有较好的去噪效果，对细节处理较好，这也是使用平稳小波变换的原因。离散小波变换的实现主要有 Mallat 算法和 á trous 算法两种，Mallat 算法在输入信号有微小的位移时将会引起小波变换系数的较大变化，即不具有平移不变性。所以为了克服这种平移不变特点，采用 á trous 算法进行平稳小波变换。给定一个图像的尺寸为 $M \times N$，将近似系数 $C_j(m_1, n_1)$ 分解为四个分量：尺度为 $j+1$ 的近似系数 $C_{j+1}(m_1, n_1)$ 和小波系数 $T_{j+1}(m_1, n_1)$，小波系数又分为水平小波系数 $T_{j+1}^H(m_1, n_1)$，垂直小波系数 $T_{j+1}^V(m_1, n_1)$ 和对角小波系数 $T_{j+1}^D(m_1, n_1)$。

$$\begin{cases} C_{j+1}(m_1, n_1) = \sum_{m_2 \in M} \sum_{n_2 \in N} l_{m_2 - m_1}^1 l_{n_2 - n_1}^2 C_j(m_2, n_2) \\ T_{j+1}^H(m_1, n_1) = \sum_{m_2 \in M} \sum_{n_2 \in N} k_{m_2 - m_1}^1 k_{n_2 - n_1}^2 C_j(m_2, n_2) \\ T_{j+1}^V(m_1, n_1) = \sum_{m_2 \in M} \sum_{n_2 \in N} k_{m_2 - m_1}^1 l_{n_2 - n_1}^2 C_j(m_2, n_2) \\ T_{j+1}^D(m_1, n_1) = \sum_{m_2 \in M} \sum_{n_2 \in N} l_{m_2 - m_1}^1 k_{n_2 - n_1}^2 C_j(m_2, n_2)n \end{cases} \tag{12-1}$$

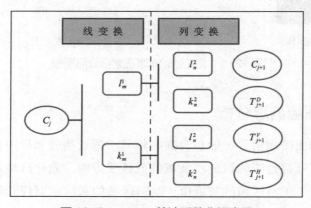

图 12-2 á trous 算法系数分解流程

式中：(m, n) 为点坐标，最大值分别为 M、N；l_m^1、l_n^2 为低通滤波器；k_m^1、k_n^2 为高通滤

波器。

á trous 算法系数分解流程如图 12-2 所示。á trous 算法无须进行下抽取及采样过程，这保留了近似系数中的更多细节，具有位移不变性，有利于达到后续图像增强理想效果。

12.2.2　图像增强算法设计

图像增强算法是通过多种处理方法对原始图像添加一些附加信息或变换数据，将图像转换为一种更适于人或机器分析和处理的形式，可有目的地选择图像中感兴趣区域特征或抑制目标图像不必要的特征，使图像符合视觉反应特性。图像增强可分成两大类：频率域法和空间域法。频率域法将图像看成一种二维信号，对其进行基于二维傅里叶变换的信号增强，采用指数低通滤波法，可去掉缺陷图像中的噪声；空间域法直接对图像各像素进行处理，可分为点运算和局部运算，可用于去除或减弱噪声。本文设计了基于平稳小波变换的指数低通滤波和非线性变换增强的图像增强程序，设计流程如图 12-3 所示。

由图像增强程序设计流程可知，将图像处理过程阐述如下：

① 为了在检测精度和计算量之间取得平衡，利用 4 阶 Daubechies 小波变换（db4）将氮化硅轴承缺陷图像多尺度分解为 4 个层次，得到第 4 级的近似系数和各个层次上的小波系数。适当的近似系数可以较大程度地保留缺陷图像信息，且图像噪声较小。小波系数和噪声都在高频子带间，而每一层的小波系数也大部分为噪声，因此将水平小波系数、垂直小波系数、对角小波系数都设为 0，从而能够最大程度消除噪声。

② 为进一步消除噪声干扰，将第 4 层近似系数通过傅里叶变换使 $C(m_1, n_1)$ 从空间域变换至频率域内，傅里叶变换数学公式为：

$$F(u,v) = \sum_{1}^{M} \sum_{1}^{N} C(m_1, n_1) \, \mathrm{e}^{-\mathrm{j}2\pi\left(\frac{um_1}{M} + \frac{vn_1}{N}\right)} \tag{12-2}$$

式中：(u, v) 为频率域的点坐标；$F(u, v)$ 为傅里叶变换值。

然后，在频率域内进行指数低通滤波，公式为：

$$G(u,v) = F(u,v) \cdot \mathrm{e}^{-\left(\frac{D(u,v)}{D_0}\right)^n} \tag{12-3}$$

$$D(u,v) = \sqrt{\left[\left(\frac{u-M}{2}\right)^2 + \left(\frac{v-N}{2}\right)^2\right]} \tag{12-4}$$

式中：$G(u, v)$ 为修正后的傅里叶谱；$D(u, v)$ 表示从点 (u, v) 到傅里叶变换中心的距离；n 表示阶数；D_0 为截止频率。

最后，采用修正后的傅里叶谱 $G(u, v)$ 来进行傅里叶逆变换计算，得到处理后的近似系数 (m_1, n_1)，公式为：

$$\overline{C}(m_1, n_1) = \frac{1}{MN} \sum_1^M \sum_1^N F(u,v) \, \mathrm{e}^{j2\pi\left(\frac{um_1}{M} + \frac{vn_1}{N}\right)} \tag{12-5}$$

③ 为了便于将重建后的氮化硅轴承图像中的表面缺陷较好地分割出来，需进一步提高图像缺陷区域和背景区域的对比度。利用非线性变换增强方法对指数低通滤波修正后的近似系数 (m_1, n_1) 进行进一步处理，可表示为：

$$\overline{\overline{C}}(m_1, n_1) = \begin{cases} \alpha \overline{C}(m_1, n_1) & \left|\overline{C}(m_1, n_1)\right| > \overline{X} + kS \\ 0 & \text{其他} \end{cases} \tag{12-6}$$

式中：(m_1, n_1) 为经过增强处理后的近似系数；a 为缺陷信号的增强系数，取值范围为 $[0, +\infty]$；$\overline{X}$ 为近似系数的平均值；S 为近似系数的标准差；k 为增强的范围，取值范围为 $[0, +\infty]$。

④ 通过得到的 (m_1, n_1) 以及各级的水平、垂直、对角小波系数，采用逆平稳小波变换得到合成后的图像，公式为：

$$\begin{aligned}
\overline{C}_j(m_1, n_1) &= \sum_{m_2 \in M} \sum_{n_2 \in N} \overline{l}^1_{m_2 - m_1} \overline{l}^2_{n_2 - n_1} \overline{\overline{C}}_{j+1}(m_1, \mathrm{n}_1) \\
&+ \sum_{m_2 \in M} \sum_{n_2 \in N} \overline{k}^1_{m_2 - m_1} \overline{k}^2_{n_2 - n_1} \overline{T}^H_{j+1}(m_1, n_1) \\
&+ \sum_{m_2 \in M} \sum_{n_2 \in N} \overline{k}^1_{m_2 - m_1} \overline{l}^2_{n_2 - n_1} \overline{T}^V_{j+1}(m_1, n_1) \\
&+ \sum_{m_2 \in M} \sum_{n_2 \in N} \overline{l}^1_{m_2 - m_1} \overline{k}^2_{n_2 - n_1} \overline{T}^D_{j+1}(m_1, n_1)
\end{aligned} \tag{12-7}$$

式中：$\overline{l}^1_m$、$\overline{l}^2_n$ 为低通滤波重构器；$\overline{k}^1_m$、$\overline{k}^2_n$ 为高通滤波重构器；$\overline{T}^H_{j+1}(m_1, n_1)$、$\overline{T}^V_{j+1}(m_1, n_1)$、$\overline{T}^D_{j+1}(m_1, n_1)$ 分别为各级水平、垂直、对角小波系数。

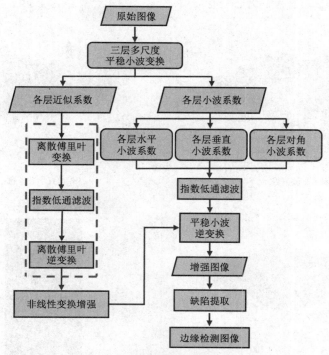

图 12-3　图像增强程序设计流程

12.3　试验结果与讨论

在氮化硅轴承缺陷中，划痕缺陷具有代表性，故本章将对划痕缺陷图像的增强过程进行举例说明。其他缺陷类型的处理结果将在本章最后部分一起进行阐述。

12.3.1　缺陷图像多尺度分解

将氮化硅轴承划痕缺陷图像多尺度分解为 1 至 3 级，经过多次实验测试，当分解层数为 3 级时，已经能够很好地实现缺陷图像增强效果。第 3 级的分解系数如图 12-4 所示。水平、垂直、对角方向的小波系数都包含着不同程度的缺陷信息，缺陷区域的值高于正常区域。所以将每一层的水平、垂直、对角小波系数进行指数低通滤波处理。

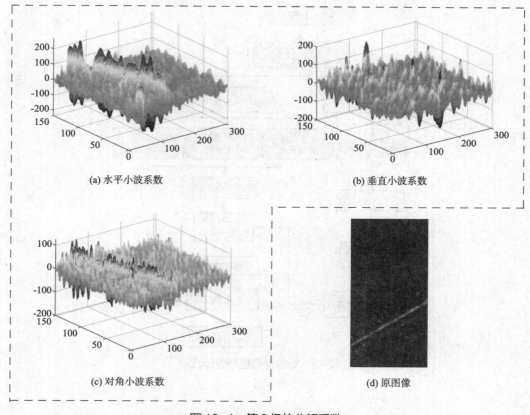

(a) 水平小波系数   (b) 垂直小波系数

(c) 对角小波系数   (d) 原图像

图 12-4   第 3 级的分解系数

随着层数的增加，近似系数是最大值与最小值的绝对值约为分解前的两倍。这能够将目标图像的缺陷区域与正常区域更好地分别开，以便于后续进行图像分割时阈值选取。3 层分解近似系数的最大值与最小值如表 12-1 所示。

表 12-1   3 层分解近似系数的最大值与最小值

层数	第一层	第二层	第三层
最大值	428.8	824.0	1379.8
最小值	148.6	298.7	635.2

图 12-5 为各层近似系数三维图。由图可知，图 12-5（b）与图 12-5（a）相比较，噪声减少；图 12-5（c）与图 12-5（b）相比较，噪声进一步减少。随着逐级进行多尺度分解，近似系数上的噪声将越来越少。经过 3 级分解后，噪声明显减少，有利于接下来的增强处理过程。

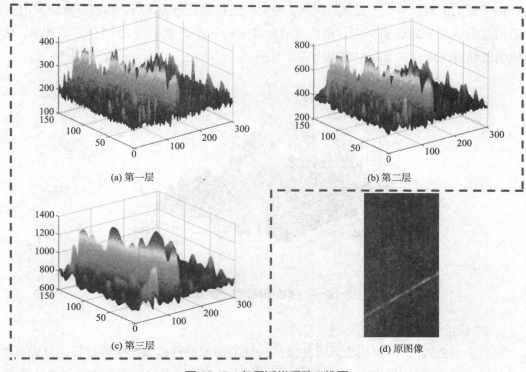

(a) 第一层　　　　　　　　　　　　　　(b) 第二层

(c) 第三层　　　　　　　　　　　　　　(d) 原图像

图 12-5　各层近似系数三维图

12.3.2　缺陷图像增强过程

（1）指数低通滤波

采用基于傅里叶变换的指数低通滤波来处理图 12-5（c）中的第 3 级近似系数。设置截止频率 $D_0 = 60Hz$，指数 $n = 3$。指数低通滤波前后的二维傅里叶谱及傅里叶变换后的图像如图 12-6 所示。经对数变换后的二维傅里叶频谱图中，靠近中心原点周围亮度高，远离原点比较暗，即低频分量多，高频分量少。

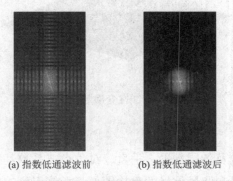

(a) 指数低通滤波前　　　(b) 指数低通滤波后

图 12-6　指数低通滤波前后的二维傅里叶频谱图

　　由于缺陷区域信号位于低频分量内，所以经过指数低通滤波后，高频分量将被消除，缺陷信息能够较好地保留下来。指数低通滤波后的三维图像如图12-7所示。此时，划痕缺陷已经清晰地在三维图中展现出来。

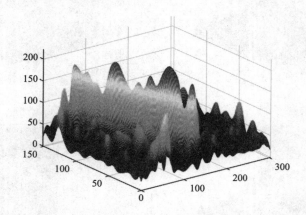

图12-7　指数低通滤波后的图像

（2）非线性变换增强

　　而后采用公式12-6对指数低通滤波后的缺陷图像进行非线性变换增强。设置系数$\alpha=3$，$k=3$。非线性变换增强后的三维图像如图12-8所示。经过非线性变换增强处理后，图像的缺陷区域很好地保留了下来，消除了噪声信号与背景信号，增强了缺陷区域与正常区域的对比度。

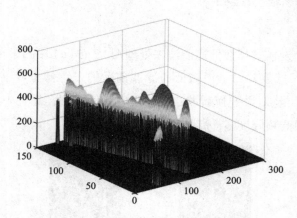

图12-8　非线性变换增强后的图像

（3）缺陷图像重构

　　在3级分解近似系数及各层水平、垂直、对角小波系数基础上，采用了逆平稳小波变换，得到了无噪声信号和背景信号的重构图像。最终得到的增强图像如图12-9所示。图中二维、三维图像可清晰准确地显示出划痕缺陷，图12-9（b）的缺陷区域与周围区域形成强烈对比，将划痕缺陷凸显出来。证明了本章所提出的图像增强处理算法，能够有效地消除缺陷图像噪声，提高缺陷区域和正常区域的对比度。

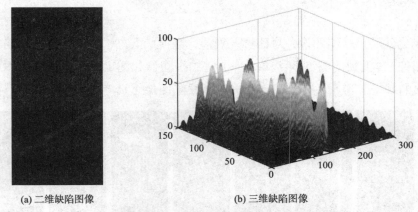

(a) 二维缺陷图像　　　　　　　　　　(b) 三维缺陷图像

图 12-9　最终得到的划伤缺陷增强图像

12.3.3　缺陷二值图像与缺陷提取

为更加清晰地将划痕缺陷区域展现出来，采用自适应阈值二值化算法得到二值图像，然后采用形态学开操作处理，形态学开操作可以平滑目标图像的轮廓，打破狭窄的缝隙，消除微小的突起，它具有消除细小物体在细长点分离对象和平滑较大目标区域边界的作用。将其结构元素设为 2，去除掉细小的点，得到最终的缺陷二值化图像，划痕缺陷的区域面积占整个图像面积的 9.23%。此时图像中小点已经去除，也几乎没有噪声，缺陷被很好地保留了下来。接下来，为了将缺陷提取出来，再采用 Canny 算子进行边缘检测，Canny 算子被许多专家学者认为是边缘检测的最优算法，相对其他边缘检测算法来说其识别图像边缘的准确度要高很多，提取得到了划痕缺陷边缘轮廓。划痕缺陷二值图像及缺陷提取过程如图 12-10 所示。

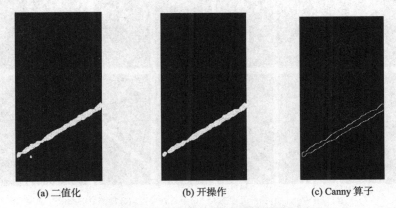

(a) 二值化　　　　　　　(b) 开操作　　　　　　(c) Canny 算子

图 12-10　划痕缺陷二值图像及缺陷提取过程

12.4　缺陷类型对比

针对氮化硅轴承缺陷图像，对凹坑、划痕、磨损、雪花、裂纹这五类缺陷类型随机选取示例图像。5 类缺陷类型的主要处理流程二维图像如图 12-11 所示。由图可知，采用本章提出的基于平稳小波变换的氮化硅轴承缺陷图像多尺度分解增强算法，提取出的

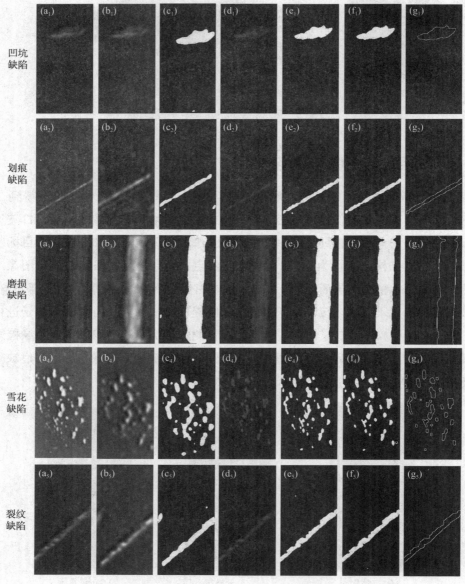

(a) 缺陷类型；(b) 指数低通滤波；(c) 非线性变换；(d) 增强后的图像；
(e) 自适应阈值二值化；(f) 形态学开操作；(g) 边缘检测

图 12-11　五类缺陷主要处理流程二维图像

增强图像［图 12-11（d）］能够有效地削弱目标缺陷图像背景噪声及其表面磨削纹理，能够简洁、清晰、有效地增强缺陷区域与背景区域的对比度。因此，如图 12-11（f）和图 12-11（g）所示，氮化硅轴承缺陷区域能够被准确且完整分割出来，并提取缺陷区域边缘轮廓。

通过本文的算法对凹坑、划痕、磨损、雪花、裂纹这五类缺陷进行测试后，所消耗的时间如表 12-2 所示。最大计算时间为 0.94s，平均计算时间为 0.88s，说明当分解级别设置为 3 时，本章的算法是可行的，计算时间较短，并且具有足够的精度。

表 12-2　本文算法所消耗的时间

缺陷类型	凹坑	划痕	磨损	雪花	裂纹
运算时间（s）	0.84	0.82	0.94	0.92	0.87

12.5　氮化硅轴承缺陷识别

结合上述提出的基于平稳小波变换的氮化硅轴承缺陷图像多尺度分解增强算法，综合氮化硅轴承缺陷检测和识别的速度与精度，利用搭建的氮化硅轴承缺陷检测与分类平台，实验共收集了 1600 张氮化硅轴承缺陷图像数据集，其中将 800 组作为预测集，另外 800 组作为测试集。

12.5.1　氮化硅轴承缺陷特征提取

由于氮化硅轴承缺陷特征不够明显，且存在非缺陷痕迹的干扰，导致缺陷识别单个特征的准确性较低。故从多特征融合方向入手，分析氮化硅轴承缺陷表面图像及各缺陷之间的特征差异，提取氮化硅轴承表面图像及最小矩形框内的特征量。选择矩形框长度、宽度、压缩度、线度、面积这 5 个几何特征，缺陷图像的 7 个不变矩特征，均值、方差、熵、对比度这 4 个灰度特征，选择灰度共生矩阵计算对比度、同质性、相关性和能量 4 个纹理特征。然后将提取的特征输入到支持向量机中，实现对氮化硅轴承缺陷的检测与分类。

12.5.2　氮化硅轴承缺陷分类结果分析

基于提出的平稳小波变换的氮化硅轴承缺陷图像多尺度分解增强算法对氮化硅轴承表面图像进行检测。凹坑、裂纹、雪花、磨损和划痕缺陷识别结果如图 12-12 所示。由图可知，经过二值图像后的形态学操作，有效地去除了因阈值不佳导致的过分割现象，消去伪缺陷，各缺陷目标能够得到较完整保存与识别，基于提取的氮化硅轴承缺陷图像的几何特征、灰度特征、纹理特征和不变矩特征，采用支持向量机，对氮化硅轴承缺陷进行识别、分类。

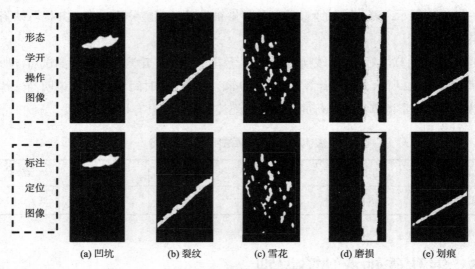

图 12-12　缺陷提取和标记

基于支持向量机模型，对氮化硅轴承缺陷进行识别与分类，结果如图 12-13 所示。支持向量机的正则化参数 C 设为 1.0，内核类型 kernel 选择 rbf，核系数 gamma 设为 auto。采用改进后支持向量机模型的凹坑、划痕、磨损、雪花、裂纹五类缺陷的分类精度分别为 0.960、0.935、0.940、0.935、0.950，平均缺陷检测分类准确率为 96.7%，可实现氮化硅轴承缺陷的高精度识别与分类。

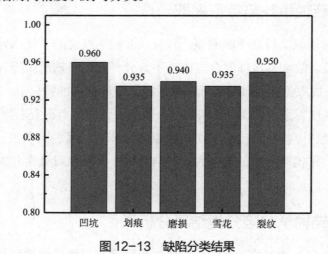

图 12-13　缺陷分类结果

第 13 章　基于重构 Faster R-CNN 算法的氮化硅轴承缺陷检测与分类

13.1　氮化硅轴承缺陷检测及分类过程

13.1.1　氮化硅轴承缺陷检测与分类方法

　　氮化硅轴承缺陷检测与分类流程如图 13-1 所示。通过搭建的氮化硅轴承缺陷检测与分类系统，使用离线增强与在线增强的图像增强方式进行数据预处理操作来获得额外的图像数据，离线增强方式使用将图像旋转 90°、旋转 180°、旋转 270°、对比度增加至 3 这 4 种方法，在线增强方式使用随机长和宽的扭曲、图像翻转及色域扭曲这种方式，以此扩充氮化硅轴承缺陷图像数据集。其次再对原始 Faster R-CNN 网络结构进行重新构建，优化网络结构，后通过修改参数设置，优化网络参数，得到适合检测氮化硅轴承缺陷的重构 Faster R-CNN 方法。然后使用制作的氮化硅轴承缺陷数据集对网络重构后的 Faster R-CNN 模型进行训练，并对得到的结果进行分析。

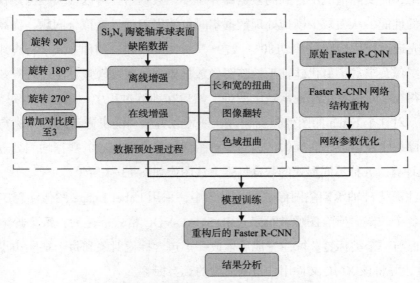

图 13-1　氮化硅轴承缺陷检测与分类流程

13.1.2　图像采集与标注

目前，氮化硅轴承缺陷数据普遍不足，因此，通过自主搭建的氮化硅轴承缺陷检测与分类系统，建立了氮化硅轴承缺陷数据集。在第 4 章氮化硅轴承数据集基础上，本实验共收集了 3010 张氮化硅轴承缺陷图像。观察和分析了氮化硅轴承缺陷的特征，有常见缺陷为凹坑、划痕、磨损、雪花、裂纹五种类型，其中凹坑缺陷为 780 幅，划痕缺陷为 1020 幅，磨损缺陷为 440 幅，雪花缺陷为 210 幅，裂纹缺陷为 560 幅。氮化硅轴承缺陷类型随机选取示例图像如图 13-2 所示。

| (a) 凹坑 | (b) 划痕 | (c) 磨损 | (d) 雪花 | (e) 裂纹 |

图 13-2　氮化硅轴承缺陷类型随机选取示例图像

13.1.3　数据预处理

对图片数据进行预处理可提高训练数据集的大小和质量，能够更好地使用其来构建深度学习模型。好的神经网络需要大量参数，使这些参数可以正确运行则需要大量数据进行训练，而实际情况中得到的数据却并不多。数据增强可以增大数据规模，有助于提高模型的性能，从而减少模型处理数据集时可能出现的过度拟合问题，提高模型泛化能力。首先通过使用旋转 90°、180°、270°、对比度增强这四种方式进行离线增强，获得额外的图像，丰富了氮化硅轴承缺陷图像数据集。经离线增强方法进行有效的数据增强后，获得 15050 幅氮化硅轴承缺陷图像。然后在训练过程中，通过获得每个 batch 的图像数据，对这个 batch 的图像数据通过在线增强方法，随机进行缩放并进行长和宽的扭曲、图像翻转及色域扭曲操作，进一步对图像数据进行相应的数据增强处理，且使用 GPU 优化计算。五种不同形式的数据增强方法图像如图 13-3 所示。

在标注氮化硅轴承缺陷图像数据的过程中，采用 Label Image 图像注释工具来标记图像中的各个缺陷。所有图像数据经过 PASCAL-VOC 格式标注后，每个缺陷都有一个真实边界框与一个类标签。标注完成后生成一个包含标记对象和每个缺陷边界框信息的 XML 文件，并将该 XML 文件用作检测模型的真实标签。

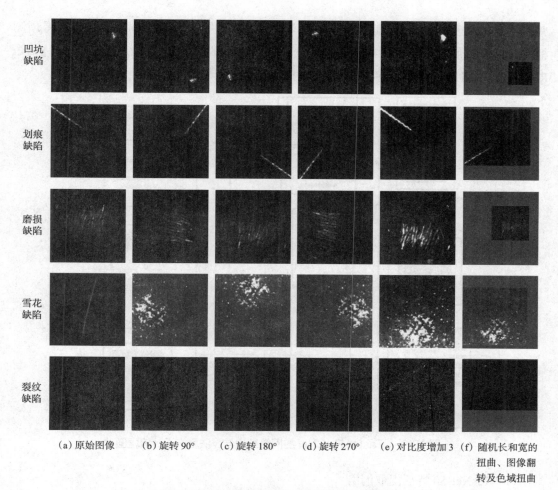

凹坑缺陷					
划痕缺陷					
磨损缺陷					
雪花缺陷					
裂纹缺陷					
(a) 原始图像	(b) 旋转 90°	(c) 旋转 180°	(d) 旋转 270°	(e) 对比度增加 3	(f) 随机长和宽的扭曲、图像翻转及色域扭曲

图 13-3　五种不同形式的数据增强方法图像

13.1.4　基于 Faster R-CNN 的网络结构与算法重构设计

　　Faster R-CNN 是一种 Two-staged 的算法，Two-staged 网络检测性能良好，精度高，可解决多尺度、小目标问题。在建立氮化硅轴承缺陷检测及分类网络之前，我们对图像进行了预处理过程，然后将图像均匀缩放到 600×600 的大小。将氮化硅轴承缺陷图像按 9 : 1 的比例分成训练集和测试集。首先，将氮化硅轴承缺陷图像表示为张量形式，经过 CNN 预训练模型的处理，得到了缺陷图像共享特征层。再采用 RPN（Region Propose Network）网络结构对提取的缺陷卷积特征图进行下一步处理，RPN 用于寻找可能包含目标的预定义数量的建议框（Regions，边界框）。然后获得了可能的相关目标和其在原始图像中对应的具体位置，之后通过提取的所需特征和包含相关目标的建议框，再利用 RoI Pooling 进行相应处理。根据前面获得的所有局部特征层，提取相关缺陷目标特征，对其进行分类预测和回归预测，分类预测的结果将会判断建议框内是否真实地包含目标缺陷，并判断缺陷类型，回归预测的结果对建议框坐标信息等内容进行调整，从而获得预测框。最后，我们将得到预测框，并判断预测框内目标缺陷类型并进行分类。基于 Faster R-CNN 的网络结构与算法重构设计流程图如图 13-4 所示。

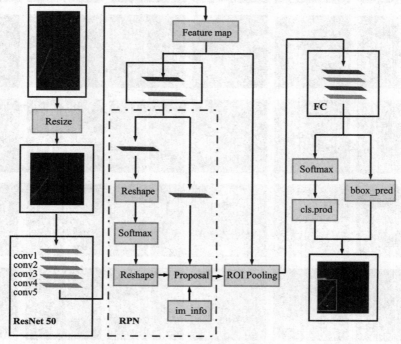

图 13-4 Faster R-CNN 的网络结构与算法重构设计流程图

（1）ResNet-50 特征提取网络

CNN 预训练模型所采用的主干特征提取网络为 ResNet-50，它在保持梯度相关性方面表现优秀，能够提取更多的图像特征。将预先训练好的 ResNet-50 网络模型作为基础网络进行输入。ResNet-50 网络中有 Conv Block 和 Identity Block 这两个基本模块，其中 Conv Block 的输入和输出的维度不一致，不能进行连续串联，它的作用是改变网络的维度；Identity Block 的输入和输出维度一致，可以进行串联，可用于加深网络。

（2）区域建议网络

RPN 能够提取候选框，是用来提取候选框的网络。RPN 属于全卷积（Full conv）网络，其采用 ResNet-50 网络模型输出的氮化硅轴承缺陷图像卷积特征图作为输入。经过 ResNet-50 网络模型的 conv5 后，在输出的卷积特征图上滑动窗口以提取区域建议，使用 3 种尺度与长宽比为 [1∶1；1∶2；2∶1] 的先验框，则在每一个滑动位置生成建议框的先验框数量为 9。在共享特征层上进行卷积核为 3×3 的卷积，然后是两个并行的 1×1 卷积核的卷积层，该卷积层的通道数量为 18，在这两个并行的 1×1 卷积中，左侧进行分类过程，这里的分类只判断先验框内是否包含目标，分类卷积使用 36 通道数；右侧计算全部候选窗口对应的坐标值，生成损失函数，对全部先验框坐标进行回归。通过上述过程，将获取数量繁多的先验框，首先根据先验框体含有目标的概率进行一次初筛，筛选出前 12000 个建议框，然后利用非极大值抑制算法进行下一步的操作；获取最终的前 3000 个建议框，将分配标签、回归目标、定义正负样本返回，用于精确地训练先验框。

13.2　重构 Faster R-CNN 算法训练过程

为评估重构 Faster R-CNN 对氮化硅轴承缺陷检测及分类的学习效果，我们将训练集输入到训练模型中。通过 ResNet-50 预训练模型能够提取图像特征，以凹坑缺陷为例，部分特征图如图 13-5 所示。

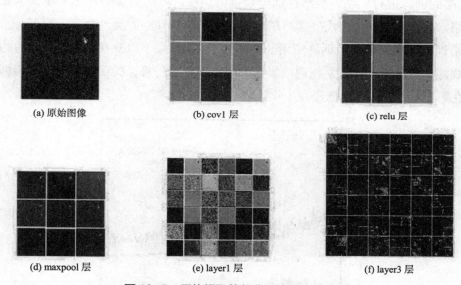

(a) 原始图像　　　　　　(b) cov1 层　　　　　　(c) relu 层

(d) maxpool 层　　　　　　(e) layer1 层　　　　　　(f) layer3 层

图 13-5　网络提取的部分凹坑缺陷特征图

对于改进的 Faster R-CNN 而言，大部分训练时间用于 RPN 过程。采用 SmoothL1Loss 作为 RPN 网络的损失函数，它是分类损失与回归损失的总和，其数学表达式如下：

$$L(\{p_i\}, \{t_i\}) = \frac{1}{N_{cls}} \sum_i L_{cls}(p_i, p_i^x) + \lambda \frac{1}{N_{reg}} p_i^x L_{reg}(t_i, t_i^x) \tag{13-1}$$

$$L_{cls}(p_i, p_i^x) = -\log\left[p_i p_i^x + (1-p_i)(1-p_i^x) \right] \tag{13-2}$$

$$L_{reg}(t_i, t_i^x) = S_{L1}(t_i - t_i^x) \tag{13-3}$$

$$S_{L1} = \begin{cases} \dfrac{(t_i - t_i^x)}{2} & \left| t_i - t_i^x \right| < 1 \\ (t_i - t_i^x) - \dfrac{1}{2} & \text{其他} \end{cases} \tag{13-4}$$

式中：i 是 mini-batch 的 anchor 的索引；p_i 为 anchor 预测为目标的概率；p_i^x 表示 GT 标签，$p_i^x=0$ 设为 negative label，$p_i^x=1$ 设为 positive label；t_i 为向量；t_i^x 表示坐标向量；L_{cls} (p_i, p_i^x) 表示对数损失；L_{reg} (p_i, p_i^x) 表示回归损失；N_{cls} 表示样本总数量；λ 为平衡权重；S_{L1} 为 Smooth L1 函数。

考虑到氮化硅轴承缺陷图像的缺陷类型大小区别较大，为确保拥有足够的建议框，且减少总计算时间，从速度与准确性来选择，将建议框的合理数量设置为 3000。训练使用随机梯度下降优化器（Stochastic Gradient Descent, SGD），优化器权值衰减设为 1×10^{-4}，gamma 设为 0.95。将氮化硅轴承缺陷图像数据集按 9∶1 的比例分别用于训练和验证。模型进行了 200 次迭代，其中前 100 次迭代的学习率设为 0.0001，采用冻结训练将 bn 层的训练进行冻结，冻结这部分权重的训练，可将更多的资源放在训练后面部分的网络参数；后 100 次迭代的学习率设为 0.00001，解冻 bn 层，全部一起训练。通过使用冻结训练，极大改善了训练所用的时间和资源利用。图 13-6 为迭代完成后的损失函数曲线，如图所示，验证集与训练集损失都呈现下降趋势，验证集损失略高于训练集损失，在第 150 个 Epoch 时已经发生收敛。

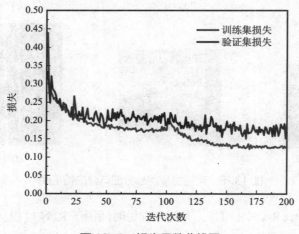

图 13-6　损失函数曲线图

13.3　实验结果与讨论

13.3.1　模型识别标记结果分析

手动标记和自动识别的模型标记结果如图 13-7 所示。图 13-7（A）所示为专业技术人员手动识别的氮化硅轴承缺陷图像，根据目测结果判断缺陷位置并识别标注，这部分标记的缺陷图像用于模型的训练与测试。图 13-7（B）所示为氮化硅轴承缺陷图像检测与分类模型对各类缺陷的识别。

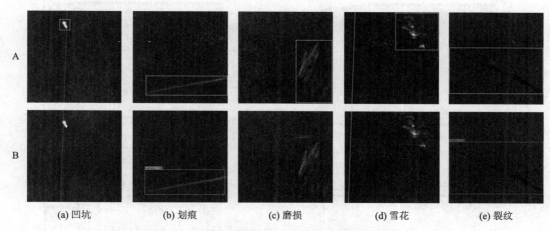

<table>
<tr><td>(a) 凹坑</td><td>(b) 划痕</td><td>(c) 磨损</td><td>(d) 雪花</td><td>(e) 裂纹</td></tr>
</table>

图 13-7　手动标记和自动识别的模型标记结果

通过训练改进的 Faster R-CNN 能够快速识别出氮化硅轴承缺陷图像中的凹坑、划痕、裂纹、雪花、磨损五类缺陷。由于裂纹与雪花缺陷的图像比其他缺陷类型图像要少，检测与分类系统的相关参数的优化相对较差。

13.3.2　氮化硅轴承缺陷检测与分类分析

通过标注的氮化硅轴承缺陷图像训练氮化硅轴承缺陷检测及分类网络，并利用测试集进行验证，各类型缺陷的 P-R 曲线及 mAP 如图 13-8 所示。将 Confidence 设为 0.8，IoU 设为 0.2。采用改进后 Faster R-CNN 网络的凹坑、划痕、磨损、雪花、裂纹五类缺陷的 P-R 曲线下的面积分别为 99.12%、97.74%、97.78%、98.34%、99.50%，氮化硅轴承缺陷的 mAP 为 98.49%，单幅缺陷图像的检测速度为 19 ms/img，这已经能够超越专业技术人员的检测水平。

氮化硅轴承缺陷图像分类报告如表 13-1 所示。磨损缺陷相对于其他缺陷面积较大，因此在图像中容易识别；雪花缺陷面积较大，但图像中片状雪花可能被识别为凹坑缺陷。氮化硅轴承缺陷图像的平均 F1-score 达到 0.92。结果表明该氮化硅轴承缺陷检测及分类网络具有较高的可靠性、准确性和效率，在氮化硅轴承的实际检测过程中能够代替人工的工作量。

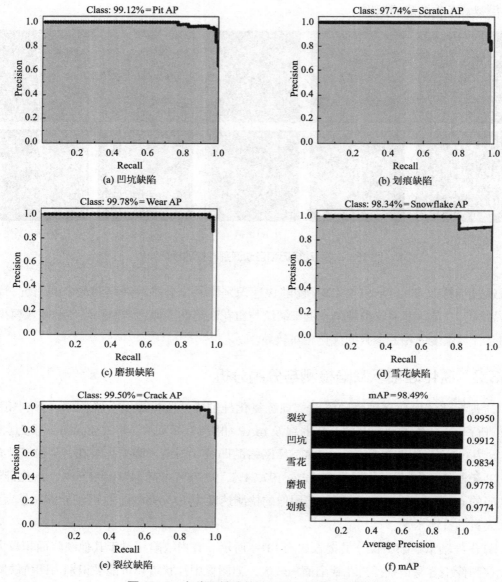

图 13-8　各类型缺陷的 P-R 曲线及总 mAP 图

表 13-1　氮化硅轴承缺陷图像分类报告

缺陷类型	Precision	Recall	F1-score
凹坑	80.23%	100.00%	0.89
划痕	89.09%	97.03%	0.93
磨损	95.74%	97.83%	0.97
雪花	84.00%	100.00%	0.91

续表

缺陷类型	Precision	Recall	F1-score
裂纹	82.46%	100.00%	0.90
平均值	86.30%	98.97%	0.92

第 14 章　基于重组 YOLOv5 算法结构的氮化硅轴承缺陷检测与分类

14.1　氮化硅轴承缺陷图像分析

14.1.1　氮化硅轴承缺陷类型

通过自主搭建的氮化硅轴承缺陷检测与分类平台，观测获取到的氮化硅轴承缺陷图像。通过对缺陷图像的观测和分析，将采集到的氮化硅轴承缺陷图像按照表面特征分为凹坑、划痕、磨损、雪花、裂纹五种缺陷类型。

14.1.2　数据预处理过程

数据预处理在建立网络模型中非常重要，它往往决定着训练的结果，对于不同的数据集，数据预处理方法也有相应的特殊性和局限性。氮化硅轴承缺陷图像数据预处理过程包括数据收集、数据过滤、数据增强以及数据标记 4 部分。

（1）数据收集

本章缺陷图像数据将在第 3 章、第 4 章氮化硅轴承缺陷数据集的基础上，对其进一步丰富，实验数据集共收集了 4000 张氮化硅轴承缺陷图像。

（2）数据过滤

在收集的 4000 张氮化硅轴承缺陷图像中，并非所有的表面缺陷图像都有效，剔除掉其中的异形形态、高亮、低质量和不正确方向的缺陷图像后，氮化硅轴承缺陷图像数据集包含了 3920 张缺陷图像。其中凹坑缺陷为 1344 幅，划痕缺陷为 1232 幅，磨损缺陷为 504 幅，雪花缺陷为 399 幅，裂纹缺陷为 441 幅。

（3）数据增强

深度学习网络需要用到大量参数，如何获取最佳参数则需要大量的数据进行训练，而实际情况中氮化硅轴承缺陷图像的数据并不多。在数据量有限的情况下，可以通过数据增强来增加训练样本的多样性，提高模型鲁棒性，避免过拟合。通过数据增强方法可以扩大数据规模，有利于减少模型运行过程中可能出现的过拟合问题，提高模型泛化能力与模型性能。对缺陷图像采用旋转 90°、180°、270°、对比度设为 3.5 这四种方式进行离线增强，获得增强后的图像，扩大了氮化硅轴承缺陷图像数据集。经数据增强方法后，获得 19600 幅氮化硅轴承缺陷图像数据集。然后在训练过程中，对其再进行马赛克增强处理。四种不同形式的数据增强方法图像示例如图 14-1 所示。

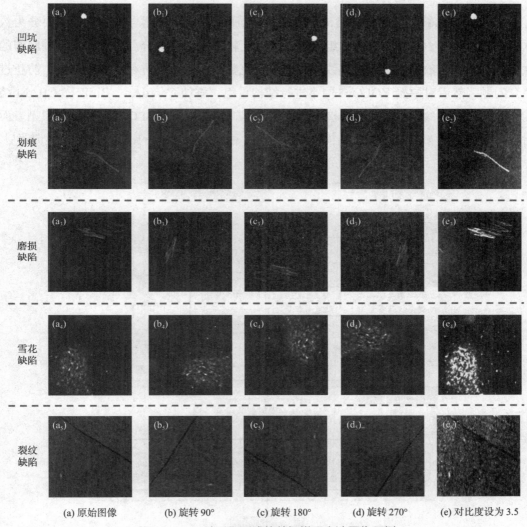

凹坑缺陷

划痕缺陷

磨损缺陷

雪花缺陷

裂纹缺陷

(a) 原始图像　　(b) 旋转 90°　　(c) 旋转 180°　　(d) 旋转 270°　　(e) 对比度设为 3.5

图 14-1　4 种不同形式的数据增强方法图像示例

（4）数据标记

采用 Label Image 图像注释工具来标注氮化硅轴承缺陷图像中的各类缺陷。首先，将所有图像数据经过 PASCAL-VOC 格式标注后，每个缺陷图像都产生了一个真实边界框与一个类标签。标注完成后，生成一个包含标记对象和每个缺陷边界框信息的 XML 文件。然后，再将 XML 文件中的信息提取出来生成 txt 文件，将凹坑、划痕、磨损、雪花、裂纹五类缺陷分别标记为：0、1、2、3、4。

14.2 氮化硅轴承缺陷检测与分类方法

14.2.1 氮化硅轴承缺陷检测与分类流程

氮化硅轴承缺陷检测与分类流程如图14-2所示。整个检测与分类流程主要分为数据预处理过程、YOLOv5结构重组过程、模型比较过程这三部分。首先将收集并制作的氮化硅轴承缺陷数据图像经过离线增强与马赛克数据增强方法进行扩充数据集，防止过拟合问题。然后对原始YOLOv5网络进行结构重组，添加CoordAtt、BiFPN、CBAM结构，并调整网络参数，得到适合检测氮化硅轴承缺陷的重组YOLOv5网络结构模型。而后将得到的重组YOLOv5算法结构模型与其他5种网络模型进行比较，进行模型训练后，对得到的结果进行分析。

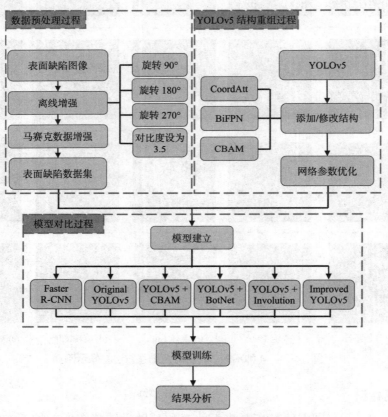

图14-2 氮化硅轴承缺陷检测及分类流程

14.2.2 基于YOLOv5的网络结构与算法重组改进设计

YOLOv5是一种单阶段目标检测算法，易于配置环境，模型训练快速，且批处理推理产生实时结果。针对氮化硅轴承缺陷特点，为提高其表面缺陷的检测效率与分类精度，对原 YOLOv5 算法结构进行重组，改进模型性能，如图 14-3 所示。

主要对原始的 YOLOv5 体系结构进行了三项重组改进：

（1）在 Backbone 部分添加 CoordAtt 注意力机制

通过将位置信息嵌入到通道注意力中提出了一种新颖的移动网络注意力机制，将其称为 "Coordinate Attention（CoordAtt）"，从而使移动网络获取更大区域的信息而避免引入大的开销。

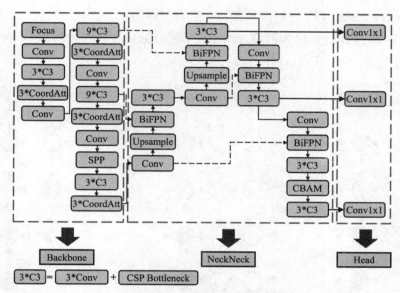

图 14-3　基于 YOLOv5 的网络结构与算法重组改进结构图

与通道注意力通过二维全局池将特征张量转化为单一特征向量不同，CoordAtt 注意力将通道注意力分解为两个一维特征编码过程，然后分别聚合两个空间方向的特征。这样，可以沿着一个空间方向捕获远程依赖性，同时沿着另一个空间方向保留准确的位置信息。然后对生成的特征图进行编码，生成对方向与位置敏感（Direction-aware and Position-sensitive）的 Attention map，将其用于输入特征图，可加强目标区域显示，这使得模型更准确地定位到并识别目标区域。

CoordAtt 注意力机制不仅捕获了跨通道的信息，还易插入现有的网络模型中，该注意力机制具有灵活和轻量的特点，例如在 MobileNet_v2 中的倒残差块和 MobileNeXt 中的沙漏块中使用，能够提升模型特征的性能。对于预训练模型来说，这种 CoordAtt 注意力机制可以给使用移动网络处理的下游（Down-stream）任务带来明显的性能提升，对于语义分割等数据密集的预测任务效果更佳。

（2）在 Neck 部分添加双向融合 BiFPN 结构

YOLOv5 网络中 Neck 部分采用了 FPN 与 PAN 结构，用于增强不同层特征融合，在多尺度上进行预测。FPN 结构建立了一条自上而下的通路，进行特征融合，用融合后的具有更高语义信息的特征图进行预测，可以提高一定的精度。FPN结构提高了预测特征图的语义信息，但却丢失了很多的位置信息，所以在FPN结构的基础上新建一条从下往上的通路，将位置信息也传到预测特征图中，使得预测特征图同时具备较高的语义信息和位置信息，提高目标检测任务精度，这就是PAN结构。PAN结构的提出证明了双向融合的有效性，而PAN结构的双向融合较为简单，为了解决这个问题，Tan等在EfficientDet中提出了一种加权的双向融合特征金字塔网络——Bi-directional feature pyramid network（BiFPN），它将多尺度特征融合变得简单、快速。因此，本章提出了用更复杂的双向融合BiFPN结构替换YOLOv5网络Neck部分的PAN结构。三类结构模型如图14-4所示。

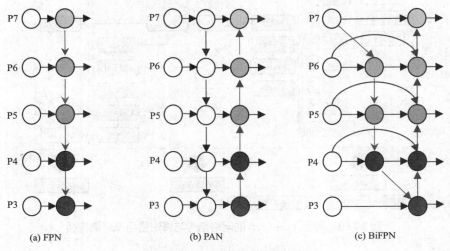

图14-4　三类结构模型图

（3）在Neck部分添加CBAM注意力机制

Sanghyun Woo等提出了一个简单但有效的注意力模块CBAM（Convolutional Block Attention Module），给定卷积神经网络中的任何中间特征图，CBAM沿着特征图的通道和空间注入注意力映射，然后将注意力乘以输入的特征图，自适应调整输入的特征图。将CBAM集成到不同的模型中后，在不同的分类和检测数据集上，模型的表现都有了一致的提升，具有广泛的可应用性。

由于CBAM是一个端到端的轻量级通用模块，能够无缝集成到任何CNN架构中，开销可以忽略不计，可以用基本的CNN进行端到端的训练。CBAM作为卷积神经网络的一个简单有效的注意力模块，分为空间注意力和通道注意力两部分。

①空间注意力部分。空间注意力实质是找到网络中最重要的部分进行处理，即定位目标的位置、旋转等操作。

②通道注意力部分。通道注意力实质是对每个特征通道的重要性进行建模，针对不同的任务增强或抑制不同的通道，并分配特征。

14.3　重组 YOLOv5 算法结构后的训练过程

基于 Pytorch 的深度学习框架与 Adam 优化器，训练网络学习模型。其训练部分参数为：输入图片尺寸 640×640，迭代批量设置大小为 16，总迭代次数为 300 次，动量为 0.937，权重衰减系数为 0.0005，选用自动锚点检测，采用 Mosaic 数据增强策略，初始学习率为 0.001，当迭代次数至 200 次时，将学习率降低至 0.0001。大约在 200 次迭代后，模型收敛。网络训练的整个过程及结果都保存在 results 文件中，并且可以通过 Wandb（Weights & Biases）将模型在线可视化。部分训练过程标签如图 14-5 所示。

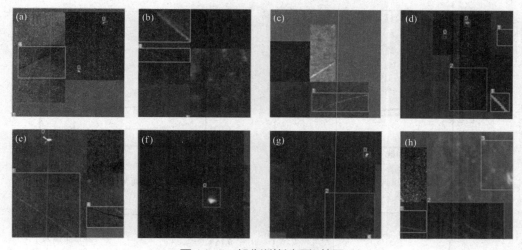

图 14-5　部分训练过程标签图

YOLOv5 损失函数主要包括分类损失（Classification loss）、定位损失（Localization loss）、置信度损失（Confidence loss）三部分构成。公式如下：

$$Loss = L_1 + L_2 + L_3 \tag{14-1}$$

$$L_1 = l_{obj} \sum_{i=0}^{S^2} \sum_{j=0}^{B} I_{ij}^{obj} \left[-\hat{C}_i \ln C_i - (1-C_i) \ln(1-C_i) \right] +$$
$$l_{nobj} \sum_{i=0}^{S^2} \sum_{j=0}^{B} I_{ij}^{nobj} \left[-\hat{C}_i \ln C_i - (1-C_i) \ln(1-C_i) \right] \tag{14-2}$$

$$L_2 = \sum_{i=0}^{S^2} \sum_{j=0}^{B} \sum_{cla} I_{ij}^{obj} \left\{ -\hat{p}_i(c) \ln\left[p_i(c)\right] - \left[1-p_i(c)\right] \ln\left[1-p_i(c)\right] \right\} \tag{14-3}$$

$$L_3 = \sum_{i=0}^{S^2} \sum_{j=0}^{B} (1 - IoU + \frac{|A_{\min} - P|}{|A_{\min}|}) \tag{14-4}$$

式中：S^2 代表划分的网格数量；B 代表每个网格预测边界框数量；I_{ij}^{obj} 表示第 i 个网格的第 j 个先验框是否有需要预测的目标；I_{ij}^{nobj} 表示第 i 个网格的第 j 个边界框是否有不需要预测的目标；λ_{obj} 和 λ_{nobj} 为网格有无目标的权重系数；C_i 和 $\hat{C}_i$ 为预测目标和实际目标的置信度值；c 为边界框预测的目标类别；$p_i(c)$ 表示第 i 个网格检测到目标时，其所属目标类别的预测概率；$\hat{p}_i(c)$ 表示第 i 个网络检测到目标时，其所属目标类别的实际概率；A 表示真实边框的面积；B 表示预测框的面积；$A_{\min}$ 表示包含预测框与真实框的最小闭合框的面积，p 代表预测框与真实框的面积。

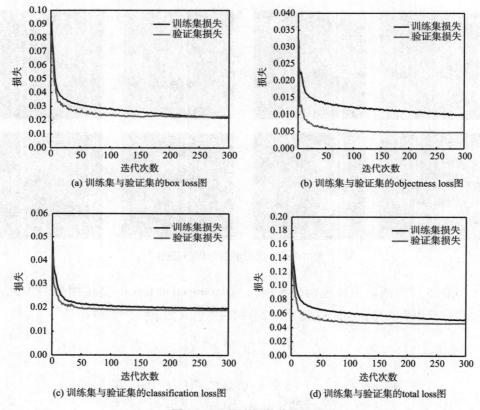

图 14-6　损失函数曲线图

将建立的数据集输入改进的 YOLOv5 网络进行模型训练，测试模型在数据集中的表现。epoch 设置为 300，批大小（batchsize）为 16，初始学习率设置为 0.01。训练过程中的各损失函数曲线图如图 14-6 所示，可以看出随着迭代次数的增加，神经网络得到逐步优化，预测边框的定位精度越来越高。模型进行了 300 次迭代，验证集与训练集损失都呈现下降趋势，验证集损失略低于训练集损失，在第 150 个迭代时已经发生收敛。

14.4　实验结果与分析

14.4.1　基于重组 YOLOv5 算法结构的检测与分类结果分析

通过使用氮化硅轴承缺陷图像数据集验证重组 YOLOv5 算法结构模型的性能，选择其中部分图像进行检测与分类，图 14-7 所示的是通过重组 YOLOv5 算法结构验证的部分缺陷图像。如图所示，凹坑、划痕、磨损、雪花及裂纹缺陷均被识别并标记出来，证明重组 YOLOv5 算法结构方法能准确地将氮化硅轴承缺陷识别出来，预测框能够将缺陷完整地框选出来。

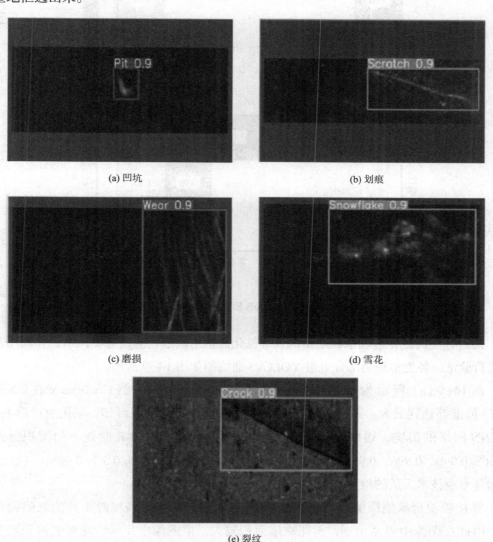

图 14-7　部分重组 YOLOv5 算法结构的缺陷检测与分类图像

14.4.2 基于重组 YOLOv5 算法结构的检测与分类性能分析

基于重组 YOLOv5 算法结构检测与分类模型验证对表面凹坑、划痕、磨损、雪花及裂纹缺陷的检测准确性，重组 YOLOv5 算法结构模型混沌矩阵如图 14-8 所示，图中对角线深蓝色框中数字表示检测准确度，框中的数字越大表示检测准确度越高。其中凹坑缺陷的检测准确度为 1.00，划痕缺陷的检测准确度为 0.99，磨损缺陷的检测准确度为 1.00，雪花缺陷的检测准确度为 1.00，裂纹缺陷的检测准确度为 0.93。经验证，改进的 YOLOv5 模型能够准确检测氮化硅轴承缺陷并进行分类。

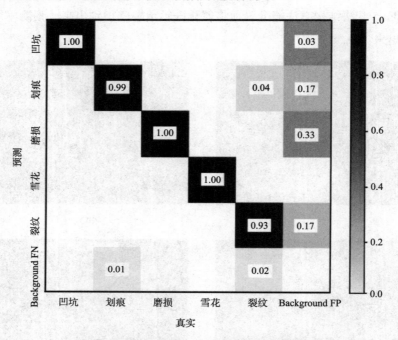

图 14-8　重组 YOLOv5 算法结构模型混沌矩阵图

通过标注的氮化硅轴承缺陷图像训练氮化硅轴承缺陷检测及分类网络，并利用测试集进行验证，各类型缺陷部分重组 YOLOv5 曲线图如图 14-9 所示。

图 14-9（a）所示为 F1-Confidence 曲线图。由图可知，当 Confidence 在 0.5 左右时 F1 值能够达到最大。图 14-9（b）所示为 P-R 曲线图，由图可知，采用改进后 Faster R-CNN 网络的凹坑、划痕、磨损、雪花、裂纹五类缺陷的 P-R 曲线下的面积分别为 0.996、0.990、0.996、0.995、0.961，氮化硅轴承缺陷的 mAP@0.5 为 0.988，这已经能够超越专业技术人员的检测水平。

氮化硅轴承缺陷图像分类报告如表 14-1 所示。磨损缺陷相对于其他缺陷面积较大，因此在图像中容易识别；雪花缺陷面积较大，但图像中片状雪花可能被识别为凹坑缺陷。氮化硅轴承表面加工缺陷图像的平均 F1-score 达到 0.985、mAP@.5 为 0.988、

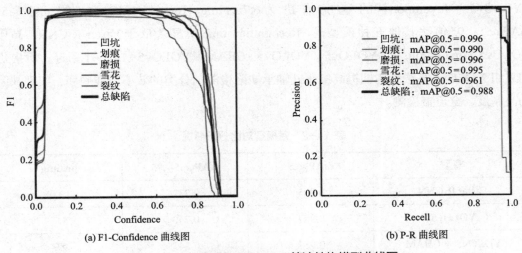

(a) F1-Confidence 曲线图　　　　　　　　(b) P-R 曲线图

图 14-9　部分重组 YOLOv5 算法结构模型曲线图

mAP@.5：.95 为 0.762。结果表明该氮化硅轴承表面加工缺陷检测及分类网络具有较高的可靠性、准确性和效率，在氮化硅轴承的实际检测过程中能够代替人工的工作量。

表 14-1　氮化硅轴承缺陷图像分类报告

缺陷类型	Precision	Recall	F1-score	mAP@.5	mAP@.5：.95
凹坑	0.994	1.000	0.997	0.996	0.652
划痕	0.969	0.985	0.977	0.99	0.766
磨损	0.979	1.000	0.990	0.996	0.774
雪花	1.000	1.000	1.000	0.995	0.761
裂纹	0.977	0.945	0.961	0.961	0.856
平均值	0.984	0.986	0.985	0.988	0.762

14.5　各模型对比分析

表 14-2 显示了六种不同模型对比分析情况。对比模型包含 Faster R-CNN、YOLOv5 及其结构组合，使用相同的测试集和评价指标对它们进行比较。测试集包含 128 张表面缺陷图片，从 mAP@.5、mAP@.5：.95、Recognition time 三个方面对它们进行了比较。我们比较了 Faster R-CNN、YOLOv5、YOLOv5+CBAM、YOLOv5+BotNet、YOLOv5+Involution、Improved YOLOv5 这六种算法。"YOLOv5+BotNet"与 Improved YOLOv5 的 mAP@.5 值最高为 0.988，Improved YOLOv5 的 mAP@.5：.95 值最高为 0.762，

"YOLOv5 + Involution"的速度最快为 6.7ms/img。Improved YOLOv5 的 mAP@.5、mAP@.5∶.95 值比其他五种模型高，Recognition time 值显著低于 Faster R-CNN，高于 YOLOv5+Involution，与 YOLOv5、YOLOv5+CBAM、YOLOv5+BotNet 相近。所提出的重组 YOLOv5 算法结构能提高氮化硅轴承缺陷检测与分类的效率与准确率，实现缺陷的高精度、全覆盖检测。

表 14-2　各模型对比分析情况

模型	mAP@.5	mAP@.5∶.95	ms/img
Faster R-CNN	0.985	0.732	19.0
YOLOv5	0.987	0.740	8.7
YOLOv5 + CBAM	0.987	0.747	9.9
YOLOv5 + BotNet	0.988	0.751	9.0
YOLOv5 + Involution	0.977	0.719	6.7
Improved YOLOv5	0.988	0.762	9.9

第 15 章　总结与展望

15.1　总结

　　针对氮化硅轴承缺陷图像存在背景信息繁杂、显著性缺陷纹理特征类别较多，基于机器视觉技术对氮化硅轴承表面缺陷进行检测时，由于缺陷图像中图像灰度对比度低及缺陷边界模糊等因素导致缺陷检测效率较低，且在缺陷图像分割时易出现过分割或欠分割现象，提出了高斯模型与图像多尺度分解耦合算法的氮化硅轴承表面缺陷检测方法，语义分割网络实现氮化硅轴承缺陷的提取方法，基于图像处理与深度学习的氮化硅轴承缺陷检测与分类方法，实现了氮化硅轴承缺陷检测的高精度、全覆盖的无损检测并得出以下结论：

　　① 针对氮化硅轴承缺陷的噪声信号复杂、纹理特征多样的问题，提出了图像多尺度分解算法的氮化硅轴承表面缺陷检测方法，根据缺陷图像灰度分布特征，通过平稳小波变换对图像进行多尺度分解，依据各分解系数中缺陷信息与噪声信息的分布情况，确定了对水平细节系数、对角细节系数和低频系数进行傅里叶变换和指数低通滤波，加强缺陷信息特征，并抑制非缺陷信息，将含有背景信息的垂直分解系数设置为0。并对含有大量缺陷特征的细节系数进行非线性增强，通过平稳小波逆变换得到缺陷增强图像，并用阈值法进行分割。通过实验验证了算法的有效性，该方法的平均时间为0.87s，检测精确率为93.2%。构建了一种基于高斯模型自适应模板算法的氮化硅轴承表面缺陷检测方法。依据氮化硅轴承无缺陷表面图像的灰度统计特征，基于高斯模型及图像灰度矩阵排序，生成初始无缺陷模板。针对给定测试缺陷图像，在排序空间中进一步优化初始无缺陷模板，根据各缺陷图像特征，获得唯一的自适应更新模板。并通过图像减法与非线性增强得到缺陷增强图像，最后综合图像分割与边缘获取，实现缺陷精准定位。该方法能有效地增强缺陷与背景的对比度，消除噪声影响，平均检测时间为0.84s，检测精确率为96.2%。构建了高斯模型与图像分解算法的氮化硅轴承表面缺陷检测方法。通过图像块操作，获取测试氮化硅轴承表面缺陷图像中缺陷区域与无缺陷区域的局部灰度概率分布特征，结合高斯模型对概率曲线进行拟合，并计算灰度概率累积曲线，通过随机概率矩阵，求解灰度定积分，获取无缺陷模板；应用图像分解技术对缺陷图像及无缺陷模板进行分解，并基于频域指数低通滤波对各层分解系数进行修正，将缺陷图像的低频系数与

无缺陷模板的高频系数进行重构，建立缺陷增强图像；最后采用阈值分割法获取缺陷二值图像，并提取缺陷边缘信息。该方法能有效地减弱背景噪声和表面磨削纹理，实现氮化硅轴承表面缺陷的检测，平均检测时间为 0.78s，平均检测精确率为 96.4%。提出语义分割网络识别氮化硅轴承缺陷的检测方法。通过建立氮化硅轴承缺陷区域的二维图像互相关运算函数编码器，构建用于捕捉特征信息的卷积层与用于下采样的池化层，实现氮化硅轴承缺陷特征信息的自动提取；同时，构建转置卷积函数或上采样函数解码器，完成氮化硅轴承缺陷特征信息还原至原始图像语义信息，实现缺陷区域的精细定位和边缘细化，并增强缺陷背景的感知能力，捕捉氮化硅轴承缺陷的语义特征信息。基于语义分割网络的氮化硅轴承缺陷检测方法，解决了缺陷图像噪声信号灰度及纹理特征对其分割的干扰问题。运用 U-Net 和 Deeplabv3+ 语义分割网络，其识别氮化硅轴承缺陷的平均交并比损失（mIoU）分别达到 80.63%、86.58%。但语义分割网络识别氮化硅轴承缺陷的检测方法存在漏分割、误分割、区域分割不连续的缺点。

② 为解决氮化硅轴承缺陷漏检、误检的问题，构建了平稳小波变换氮化硅轴承缺陷图像多尺度分解增强算法。基于平稳小波指数低通滤波和非线性变换增强的图像增强程序设计，建立氮化硅轴承缺陷图像多尺度分解增强算法，有效削弱背景噪声和表面磨削纹理，增强了缺陷与背景的对比度。同时，采用自适应阈值二值化算法实现图像灰度增强，运用形态学开操作剔除微小噪点获取分割缺陷完整区域，利用 Canny 算子进行边缘检测提取缺陷图像边缘轮廓。基于平稳小波变换氮化硅轴承缺陷图像多尺度分解增强算法，利用支持向量机对氮化硅轴承缺陷图像进行分类，平均缺陷检测分类准确率达 96.7%。创建了重构 Faster R-CNN 算法模型实现氮化硅轴承缺陷图像检测与分类方法。通过离线和在线增强的图像增强方式进行数据预处理操作获得额外的氮化硅轴承缺陷图像数据。使用 ResNet-50 预训练模型提取图像特征，输出卷积特征图上滑动窗口提取区域建议；采用随机梯度下降优化器并结合冻结与解冻方法对重构 Faster R-CNN 算法模型进行系统训练。重构 Faster R-CNN 算法的氮化硅轴承缺陷检测与分类方法，能有效提高氮化硅轴承小目标缺陷检测的可靠性与分类准确性，模型 mAP 值为 98.49%，平均 F1-score 值为 0.92，单幅缺陷图像的检测速度为 19 ms/img。设计了重组 YOLOv5 算法结构完成氮化硅轴承缺陷检测与分类方法。通过将氮化硅轴承缺陷图像进行离线增强，扩充氮化硅轴承缺陷图像数据。在 YOLOv5 算法体系对 Backbone 结构引入 CoordAtt 轻量化注意力机制，并在 Neck 部分构建加权双向融合 BiFPN 网络结构和 CBAM 轻量化注意力机制进行模型结构重组；结合马赛克数据增强策略优化参数，采用 Adam 优化器优化 YOLOv5 算法进行复杂系统训练。重组 YOLOv5 算法结构的氮化硅轴承缺陷检测与分类方法有利于提高模型泛化能力与模型性能，模型 mAP 值为 0.988，平均 F1-score 值为 0.985，单幅缺陷图像的检测速度为 9.9 ms/img。

③ 为解决氮化硅轴承缺陷区域不连续性的难点，提出嵌入注意力机制的多尺度特

征语义分割网络识别氮化硅轴承缺陷的检测方法。为进一步提高氮化硅轴承缺陷区域的分割精度，增强缺陷区域分割的连续性，提升缺陷检测效率，提出融合多尺度缺陷特征模块的语义分割网络识别氮化硅轴承缺陷的检测方法。结合语义分割网络识别氮化硅轴承缺陷检测存在误分割、漏分割的现象。为获取多尺度特征氮化硅轴承缺陷信息的深层语义特征，在编码器结构底部引入残差网络模块加深网络深度；运用深度可分离膨胀卷积层作为 D-A-IU-Net 编码器的池化层，解决连续多次图像池化操作造成氮化硅轴承缺陷细节信息丢失的问题；为获取氮化硅轴承缺陷的多尺度特征图，由不同膨胀率膨胀卷积层构成膨胀卷积空间金字塔池化模块，充分融聚氮化硅轴承缺陷的语义信息和位置信息。D-A-IU-Net 语义分割网络对氮化硅轴承缺陷检测的 mIoU 为 90.70%，且平均像素精度（mPA）提升到 95.13%，单张图像预测时间为 46.53ms。D-A-IU-Net 语义分割网络对缺陷区域的漏分割、误分割现象得到了改善，但缺陷区域不连续性检测有待进一步提高。提出多尺度特征 - 混合注意力机制语义分割网络（N-R-S-Deeplabv3＋语义分割网络）识别氮化硅轴承缺陷的方法。优化 ShuffleNetV2 网络模块，将其作为 N-R-S-Deeplabv3＋语义分割网络提取氮化硅轴承缺陷特征的骨干网络，以提高缺陷区域的分割精度；添加混合注意力机制模块到 N-R-S-Deeplabv3＋的编码器利用增强氮化硅轴承缺陷区域的分割连续性，提高语义分割网络对其显著性缺陷区域的表征力；为提高分割效率，对获取显著性缺陷多尺度特征信息的膨胀卷积空间金字塔池化模块进行重构，将原先的全局池化层设计为新的混合条带池化层，并将空间金字塔池化模块中的卷积改为深度可分离膨胀卷积。实验数据表明，N-R-S-Deeplabv3＋语义分割网络对氮化硅轴承缺陷区域的分割效果达到了 mIoU 94.25%，mPA 96.45%，有效提高了氮化硅轴承缺陷的分割精度；同时，该 N-R-S-Deeplabv3＋语义分割网络对氮化硅轴承缺陷图像的单张图像预测时间达到 44.23ms，大大提高了氮化硅轴承缺陷的分割效率。

15.2　展望

本文针对氮化硅轴承表面复杂缺陷，分析了缺陷检测过程中的关键技术，搭建氮化硅轴承缺陷机器视觉检测系统，提出了高斯模型与图像多尺度分解耦合算法的氮化硅轴承表面缺陷检测方法的氮化硅轴承表面缺陷检测方法，设计一系列基于卷积神经网络的语义分割网络，并提出了相应的氮化硅轴承缺陷图像检测与分类算法，实现对氮化硅轴承缺陷的语义分割，提高了缺陷区域的分割精度及分割效率。根据现阶段对氮化硅轴承表面缺陷检测方法的研究成果分析，结合现阶段研究的不足及研究过程中遇到的问题，为实现氮化硅轴承表面缺陷的高效率、高精度、自动化检测还有一些工作需要进一步完善：

① 基于传统图像处理的检测技术具有处理精度高、处理内容丰富、所需数据量少等优点，缺点是检测适应性不足；基于深度学习技术的检测技术，学习能力强、覆盖范围广、可移植性好、检测速度快等优点，缺点是所需数据量大，算力要求高等。因此，如何将图像处理与深度学习有机结合在一起，使得检测与分类模型同时具有图像处理与深度学习的优势，这将是接下来主要的研究方向。在缺陷检测领域，想要达到自动化、高精度、全覆盖检测，离不开大量数据的支持。目前，国际学术界并没有开源的氮化硅轴承缺陷数据集，本文所制作的氮化硅轴承缺陷数据集由于硬件设备的限制，在图像获取、图像质量、图像标注上与工业实际生产上有所差距。如何获取大批量、高质量的氮化硅轴承缺陷数据是下一步需要考虑的。

② 伴随基于深度学习的语义分割网络已日益发展成熟，愈来愈多的基于语义分割网络的语义分割方法被应用于医学、交通、工业领域，但是还没有发挥出语义分割网络的潜在性能，设计更精准的语义分割网络，降低学习网络的复杂性，提高语义分割网络在氮化硅轴承缺陷检测领域中的实时性，是工业化在线检测的必然趋向。截至目前，针对基于语义分割网络识别氮化硅轴承缺陷的检测方法基本处于理论研发阶段，缺少在实际应用中的经历，对现代化工业的精准化和智能化的要求很难达标，结合机械设计与自动化，建立智能化、自动化的氮化硅轴承缺陷检测系统，是未来氮化硅轴承缺陷检测领域的必然要求。本课题研究设计的语义分割网络，主要是对氮化硅轴承缺陷实时图像进行缺陷区域的分割，语义分割的对象是平面二维图像。虽然利用氮化硅轴承缺陷图像，能够对缺陷区域进行图像分割，但无法表达显著性缺陷的各方位视觉信息，如何通过机器视觉技术对氮化硅轴承缺陷进行三维建模，获取其空间信息，提高氮化硅轴承缺陷机器视觉检测系统性能已成为未来氮化硅轴承缺陷检测领域发展的重要趋势。

③ 基于传统图像处理的检测技术具有处理精度高、处理内容丰富、所需数据量少等优点，缺点是检测适应性不足；基于深度学习技术具有检测技术，学习能力强、覆盖范围广、可移植性好、检测速度快等优点，缺点是所需数据量大，算力要求高等。因此，如何将图像处理与深度学习有机结合在一起，使得检测与分类模型同时具有图像处理与深度学习的优势，这将是接下来主要的研究方向。在缺陷检测领域，想要达到自动化、高精度、全覆盖检测，离不开大量数据的支持。目前，国际学术界并没有开源的氮化硅轴承缺陷数据集，本文所制作的氮化硅轴承缺陷数据集由于硬件设备的限制，在图像获取、图像质量、图像标注上与工业实际生产上有所差距。如何获取大批量、高质量的氮化硅轴承缺陷数据是下一步需要考虑的。

参考文献

[1] Li S, Wei C, Wang Y. Fabrication and service of all-ceramic ball bearings for extreme conditions applications[J]. IOP Conference Series Materials Science and Engineering, 2021, 1009(1): 012032.

[2] Otitoju T A, Okoye P U, Chen G, et al. Advanced ceramic components: Materials, fabrication, and applications[J]. Journal of industrial and engineering chemistry, 2020, 85: 34-65.

[3] Jackson K M . Evaluation testing of ceramic hybrid bearings for helicopter hanger bearing applications[J]. Journal of the American Helicopter Society, 2006, 54(3):32002-1-32002-10.

[4] Yan H, Wu Y, Li S, et al. The effect of factors on the radiation noise of High-Speed full ceramic angular contact ball bearings[J]. Shock & Vibration, 2018, 2018(12): 1-9.

[5] Herrmann M , Schilm J . Shape dependence of corrosion kinetics of silicon nitride ceramics in acids[J]. Ceramics International, 2009, 35(2):797-802.

[6] Nishioka T , Ito Y , Yamamoto T , et al. Surface grinding characteristics of silicon nitride ceramics under high-speed and speed-stroke grinding conditions[J]. Journal of the Ceramic Society of Japan, 2010, 103(1204):1238-1242.

[7] 徐小兵 . 绝缘性陶瓷材料氮化硅的电火花加工特性研究 [J]. 江汉石油学院学报 , 2003, 25(1):117-118.

[8] 文怀兴 , 孙建建 , 陈威 . 氮化硅轴承润滑技术的研究现状与发展趋势 [J]. 材料导报 , 2015, 29(17):9.

[9] 李贵佳 , 孙峰 . 利用国外专利技术解决国内氮化硅轴承产业化问题 [J]. 中国陶瓷 , 2015, 51(10):5.

[10] 吴承伟 , 张伟 , 李东炬 . 超精密高性能氮化硅轴承研究现状与应用 [J]. 精密制造与自动化 , 2020(1):4.

[11] Bouville F, Maire E, Meille S, et al. Strong, tough and stiff bioinspired ceramics from brittle constituents[J]. Nature materials, 2014, 13(5): 508-514.

[12] Meille S, Lombardi M, Chevalier J, et al. Mechanical properties of porous ceramics in compression: On the transition between elastic, brittle, and cellular behavior[J]. Journal of the European Ceramic Society, 2012, 32(15): 3959-3967.

[13] Sun J, Wu Y, Zhou P, et al. Analysis of surface morphology and roughness on silicon nitride ceramics grinding [J]. Academic Journal of Manufacturing Engineering, 2018, 16(3): 20-28.

[14] Fatjó G G A, Hadfield M, Tabeshfar K. Pseudoplastic deformation pits on polished ceramics due to cavitation erosion[J]. Ceramics International, 2011, 37(6): 1919-1927.

[15] Xiao X, Deng J, Xiong Q, et al. Scratch behaviour of bulk silicon nitride ceramics[J]. Micromachines, 2021, 12(6): 707.

[16] Sun J , Zhou P , Wu Y , et al. Analysis on the factors of surface morphologies on silicon nitride ceramic internal grinding[J]. International Journal of Engineering Research in Africa, 2017, 31:44-52.

[17] Yang L , Ditta A , Feng B , et al. Study of the Comparative Effect of Sintering Methods and Sintering Additives on the Microstructure and Performance of silicon nitride Ceramic[J]. Materials, 2019, 12(13):2142.

[18] Morrell H R D . Influence of surface defects on the biaxial strength of a silicon nitride ceramic - Increase of strength by crack healing[J]. Journal of the European Ceramic Society, 2012, 32(1):27–35.

[19] Jing J , Feng P , Wei S , et al. Investigation on the surface morphology of silicon nitride ceramics by a new fractal dimension calculation method[J]. Applied Surface ence, 2016, 387(nov.30):812-821.

[20] 杨铁滨，王黎钦，郑德志，等．陶瓷缺陷图像检测及球面展开机构的研究 [J]. 兵工学报，2006, 27(4):708-711.

[21] Liao D, Xia X, Liao X, et al. The algorithm for extracting surface defects from ZrO_2 ceramic bearing balls using shearlet transform image enhancement[J]. AIP Advances, 2024, 14(5).

[22] 周杭超，董晨晨，陈锋，等．钢缺陷检测方法综述 [J]. 装备制造技术，2018(10):6.

[23] 杨芷，杨希茂．无损检测技术及工业应用综述 [J]. 金属世界，2013(5):22-25.

[24] 杨铁滨，王黎钦，古乐，等．氮化硅陶瓷球加工缺陷分析与无损检测技术研究 [J]. 兵工学报，2007(3):353-357.

[25] Xiaoyuan Ji, Qiuyu Yan, Dong Huang, et al. Filtered selective search and evenly distributed convolutional neural networks for casting defects recognition[J]. Journal of Materials Processing Technology, 2021, 292: 117064-117086.

[26] 王政，郭峰，李秀国，等．基于超声波技术的 GIS 内部机械振动缺陷检测与分析 [J]. 山东电力技术，2018, 45(5):5.

[27] 陆益军，方俊，王晓妮. 基于超声波检测技术和声波散射衰减方法的混凝土内部缺陷研究 [J]. 冶金丛刊，2020.

[28] 尚恺喆，刘晓进，陈红丽. 基于超声波技术的城市地下天然气管道腐蚀缺陷检测方法 [J]. 能源与环保，2021, 43(11):5.

[29] Abbasi Z, Yuhas D, Zhang L, et al. The detection of burn-through weld defects using noncontact ultrasonics[J]. Materials, 2018, 11(1): 128.

[30] Da Y, Dong G, Shang Y, et al. Circumferential defect detection using ultrasonic guided waves: An efficient quantitative technique for pipeline inspection[J]. Engineering Computations, 2020, 37(6):1923-1943.

[31] 高治峰，董丽虹，王海斗，等. 振动红外热成像技术用于不同类型缺陷检测的研究进展 [J]. 材料导报，2020, 34(9):6.

[32] 米浩，杨明，于磊，等. 基于超声红外热成像的缺陷检测与定位研究 [J]. 振动、测试与诊断，2020, 40(1):101-106.

[33] 罗广衡，潘坚文，王进廷. 基于红外热成像的混凝土坝保温层缺陷检测方法 [J]. 水利水电技术，2020, 51(12):71-77.

[34] Kafieh R, Lotfi T, Amirfattahi R. Automatic detection of defects on polyethylene pipe welding using thermal infrared imaging[J]. Infrared Physics & Technology, 2011, 54(4): 317-325.

[35] 马建徽，杨光，刘勇. 航空发动机涡轮叶片的内窥镜荧光渗透原位检测 [J]. 无损检测，2020, 42(6): 50-53.

[36] 陈振亚，沈兴全，杨承昌，等. TI-6AI-4V 裂纹缺陷荧光渗透检测研究 [J]. 制造技术与机床，2015(6):117-120.

[37] Gai H, Jing W, Chen S, et al. Experimental Study of Dye Penetration in Plastic Encapsulated Microcircuit[J]. IEEE, 2007, 9847463.

[38] Wang Y, Li C H, Hou Z Q. Mechanical behaviors of bimsoils during triaxial deformation revealed using real-time ultrasonic detection and post-test CT image analysis[J]. Arabian Journal of Geosciences, 2019, 12(1): 1-16.

[39] Courcier T, Pittet P, Quiquerez L, et al. Buried quad junction photodetector signal processing for multi-label fluorescence detection[J]. Sensor Letters, 2015, 13(5): 430-434.

[40] Sumana, Ponseenivasan S, Kumar A. Comparative study on using ultrasonic array-based techniques for detection of flaws in thick and attenuating materials[J]. Transactions of the Indian Institute of Metals, 2021, 02(6): 499-510.

[41] 戴子春，李德鹏. 计算机图像处理技术及其发展趋势分析 [J]. 科学大众：科技创新，2020(11):2.

[42] Saeed Hosseinzadeh Hanzaei,Ahmad Afshar,Farshad Barazandeh. Automatic detection and classification of the ceramic tiles' surface defects[J]. Pattern Recognition,2017,66(2017):174-189.

[43] Zhang K , Fu L , Wang Z , et al. Research on surface defect detection of ceramic ball based on fringe reflection[J]. Optical Engineering, 2017, 56(10):1-7.

[44] Tao Liu, Wei Zhang, Shaoze Yan. A novel image enhancement algorithm based on stationary wavelet transform for infrared thermography to the de-bonding defect in solid rocket motors[J]. Mechanical Systems & Signal Processing, 2015, 62-63(oct.):366-380.

[45] Zhao J , Chen Y , Feng H , et al. Infrared image enhancement through saliency feature analysis based on multi-scale decomposition[J]. Infrared Physics & Technology, 2014, 62:86-93.

[46] 成芳，应义斌 . 基于 Matlab 平台的稻种图像分析系统 [J]. 浙江大学学报：农业与生命科学版，2004, 30(5):5.

[47] 张旭，黄定江 . 基于深度学习的铝材表面缺陷检测 [J]. 华东师范大学学报：自然科学版，2020(6):10.

[48] Zhao W, Du S. Spectral–spatial feature extraction for hyperspectral image classification: A dimension reduction and deep learning approach[J]. IEEE Transactions on Geoscience and Remote Sensing, 2016, 54(8): 4544-4554.

[49] Litjens G, Sánchez C I, Timofeeva N, et al. Deep learning as a tool for increased accuracy and efficiency of histopathological diagnosis[J]. Scientific reports, 2016, 6(1): 1-11.

[50] Liao D, Yang J, Liao X, et al. A coupled 3D morphological reconstruction method for point microcrack defects in silicon nitride ceramic bearing rollers[J]. Composite Structures, 2024, 338: 118107.

[51] Kudo R, Takahashi K, Inoue T, et al. Using vision-based object detection for link quality prediction in 5.6-GHz channel[J]. EURASIP Journal on Wireless Communications and Networking, 2020, 2020(1): 1-21.

[52] Min Y Z, Xiao B Y, Dang J W. Machine Vision Rapid Detection Method of the Track Fasteners Missing [J]. Journal of Shanghai Jiaotong University, 2017, 51(10): 1268-1272.

[53] Li D, Bai G, Jin Y, et al. Machine-vision based defect detection algorithm for packaging bags[J]. Laser Optoelectron. Prog, 2019, 56(9): 091501.

[54] He T, Liu Y, Yu Y, et al. Application of deep convolutional neural network on feature extraction and detection of wood defects[J]. Measurement, 2020, 152: 107357.

[55] Ullah I, Khan R U, Yang F, et al. Deep learning image-based defect detection in high voltage electrical equipment[J]. Energies, 2020, 13(2):392.

[56] Hu B, Wang J. Detection of PCB surface defects with improved faster-rcnn and feature pyramid network[J]. IEEE Access, 2020(8): 108335-108345.

[57] Zhang Z, Zhang X, Lin X, et al. Ultrasonic diagnosis of breast nodules using modified faster r-cnn[J]. Ultrasonic imaging, 2019, 41(6): 353-367.

[58] Zheng L, Zhang X, Hu J, et al. Establishment and applicability of a diagnostic system for advanced gastric cancer T staging based on a faster region-based convolutional neural network[J]. Frontiers in oncology, 2020(10): 1238.

[59] Zhao Z, Yang X, Zhou Y, et al. Real-time detection of particleboard surface defects based on improved YOLOV5 target detection[J]. Sci Rep, 2021, 11, 21777.

[60] Yu Luo, Yifan Zhang, Xize Sun, et al. Intelligent Solutions in Chest Abnormality Detection Based on YOLOv5 and ResNet50[J]. Journal of Healthcare Engineering, 2021, 2021, Article ID 2267635, 11 pages.

[61] Zhao J, Zhang X, Yan J, et al. A Wheat Spike Detection Method in UAV Images Based on Improved YOLOv5[J]. Remote Sensing, 2021, 13(16): 3095-3112. doi:10.3390/rs13163095.

[62] Walia I S, Kumar D, Sharma K, et al. An Integrated Approach for Monitoring Social Distancing and Face Mask Detection Using Stacked ResNet-50 and YOLOv5[J]. Electronics, 2021, 10(23): 2996-3011.

[63] 张志军, 孙志辉. 基于VC平台的彩色图像的灰度化技术 [J]. 自动化技术与应用, 2005, 24(1):61-63.

[64] 赵坤, 赵书涛. 数字图像灰度化方法研究 [J]. 数字化用户, 2013, 000(16):200-200.

[65] 王旭, 毕秀丽, 马建峰, 等. 基于概率统计模型与图像主纹理方向分析的非线性滤波算法 [J]. 中国图象图形学报, 2008, 13(5):7.

[66] 施剑玮, 奚蔚. 限带白噪声随机过程的雨流幅值概率密度函数模型 [J]. 南京航空航天大学学报, 2020, 52(4):7.

[67] 张新明, 程金凤, 康强, 等. 迭代自适应权重均值滤波的图像去噪 [J]. 计算机应用, 2017, 37(11):8.

[68] 赵高长, 张磊, 武风波. 改进的中值滤波算法在图像去噪中的应用 [J]. 应用光学, 2011, 32(4):5.

[69] 廖达海, 殷明帅, 罗宏斌, 等. 基于剪切波变换对氮化硅轴承内圈沟道表面缺陷检测的分析 [J]. 航空动力学报, 2024, 39(1): 231-239.

[70] 李健, 丁小奇, 陈光, 等. 基于改进高斯滤波算法的叶片图像去噪方法 [J]. 南方农业学报, 2019, 50(6):7.

[71] 孙辉, 李志强, 孙丽娜, 等. 一种空域和频域相结合的运动图像亚像素配准技术 [J].

中国光学，2011, 4(2):7.

[72] 郑少佳，邱崧，李庆利，等．傅里叶变换通道注意力网络的胆管癌高光谱图像分割 [J]. 中国图象图形学报，2021, 26(8):11.

[73] 徐海波，史步海．基于二维离散分数阶傅里叶变换的视觉注意力算法 [J]. 华南理工大学学报（自然科学版），2018, 46(8):116-121.

[74] 陈清江，石小涵，柴昱洲．基于小波变换与卷积神经网络的图像去噪算法 [J]. 应用光学，2020, 41(2):8.

[75] Hagara M, Kubinec P. About Edge Detection in Digital Images[J]. Radioengineering, 2018, 27(4):919-929.

[76] 吴剑，丁辉，王广志，等．边缘检测微分算子的分析及在医学图像中的应用 [J]. 生物医学工程学杂志，2005, 22(1):4.

[77] Guo B, Gunn S R, Damper R I, et al. Customizing kernel functions for SVM-based hyperspectral image classification[J]. IEEE Transactions on Image Processing, 2008, 17(4): 622-629.

[78] LeCun Y, Bottou L, Bengio Y, et al. Gradient-based learning applied to document recognition[J]. Proceedings of the IEEE, 1998, 86(11): 2278-2324.

[79] Kasper-Eulaers M, Hahn N, Berger S, et al. Detecting heavy goods vehicles in rest areas in winter conditions using YOLOv5[J]. Algorithms, 2021, 14(4): 114.

[80] Schlett T, Rathgeb C, Busch C. Deep learning-based single image face depth data enhancement[J]. Computer Vision and Image Understanding, 2021, 210: 103247.

[81] Liao D, Hu K, Huang F, et al. Multi-scale split matching three-dimensional reconstruction method of surface microcracks on the silicon nitride bearing roller[J]. Ceramics International, 2024, 50(3): 5624-5635.

[82] Ren S, He K, Girshick R, et al. Faster r-cnn: Towards real-time object detection with region proposal networks[J]. Advances in neural information processing systems, 2015, 28: 91-99.

[83] Hou Q, Zhou D, Feng J. Coordinate attention for efficient mobile network design[C], Proceedings of the IEEE/CVF Conference on Computer Vision and Pattern Recognition. 2021: 13713-13722.

[84] Tan M, Pang R, Le Q V. Efficientdet: Scalable and efficient object detection[C], Proceedings of the IEEE/CVF conference on computer vision and pattern recognition. 2020: 10781-10790.

[85] Woo S, Park J, Lee J Y, et al. Cbam: Convolutional block attention module[C], Proceedings of the European conference on computer vision (ECCV). 2018: 3-19.

[86] Zhang F, Yang Z. Development of and perspective on high-performance nanostructured bainitic bearing steel [J]. Engineering, 2019, 5(2): 319-328.

[87] Breńkacz Ł, Witanowski Ł, Drosińska-Komor M, et al. Research and applications of active bearings: A state-of-the-art review [J]. Mechanical Systems and Signal Processing, 2021, 151: 1-39.

[88] Bulat M P, Bulat P V. The history of the gas bearings theory development [J]. World Applied Sciences Journal, 2013, 27(7): 893-897.

[89] Xu J, Li C, Miao X, et al. An overview of bearing candidates for the next generation of reusable liquid rocket turbopumps [J]. Chinese Journal of Mechanical Engineering, 2020, 33(1): 1-13.

[90] Li S, Wei C, Wang Y. Fabrication and service of all-ceramic ball bearings for extreme conditions applications[C]. IOP conference series: materials science and engineering. IOP Publishing, 2021, 1009(1): 1-11.

[91] Wu Y, Li S. Ceramic motorized spindle for NC machine tool[C]. IOP Conference Series: Materials Science and Engineering. IOP Publishing, 2018, 399(1): 1-14.

[92] Cao H, Niu L, Xi S, et al. Mechanical model development of rolling bearing-rotor systems: A review [J]. Mechanical Systems and Signal Processing, 2018, 102: 37-58.

[93] Wijianto W. Application of Silicon Nitride Ceramics in Ball Bearing[J]. Media Mesin: Majalah Teknik Mesin, 2016, 15(1): 17-25.

[94] Waghole V, Tiwari R. Optimization of needle roller bearing design using novel hybrid methods[J]. Mechanism and Machine Theory, 2014, 72: 71-85.

[95] Kumaran S S, Velmurugan P, Tilahun S. Effect on stress and thermal analysis of tapered roller bearings[J]. J. Crit. Rev, 2020, 7: 492-501.

[96] Liao D, Yin M, Luo H, et al. Machine vision system based on a coupled image segmentation algorithm for surface-defect detection of a Si_3N_4 bearing roller[J]. JOSA A, 2022, 39(4): 571-579.

[97] Yang L, Xu T, Xu H, et al. Mechanical behavior of double-row tapered roller bearing under combined external loads and angular misalignment[J]. International Journal of Mechanical Sciences, 2018, 142: 561-574.

[98] Berroth K. Silicon nitride ceramics for product and process innovations[C]. Advances in Science and Technology. Trans Tech Publications Ltd, 2010, 65: 70-77.

[99] Bal B S, Rahaman M N. Orthopedic applications of silicon nitride ceramics[J]. Acta biomaterialia, 2012, 8(8): 2889-2898.

[100] Karunamurthy B, Hadfield M, Vieillard C, et al. Cavitation erosion in silicon nitride:

experimental investigations on the mechanism of material degradation[J]. Tribology International, 2010, 43(12): 2251-2257.

[101] Liao D, Yin M, Yi J, et al. A nondestructive testing method for detecting surface defects of silicon nitride-Bearing cylindrical rollers based on an optimized convolutional neural network[J]. Ceramics International, 2022, 48(21): 31299-31308.

[102] Subramaniam S, Nithyaprakash R, Abbas G, et al. Tribological behavior of silicon nitride-based ceramics-A review[J]. Jurnal Tribologi, 2021(29): 57-71.

[103] Zhao Z. Review of non-destructive testing methods for defect detection of ceramics[J]. Ceramics International, 2021, 47(4): 4389-4397.

[104] Chen W, Zou B, Huang C, et al. The defect detection of 3D-printed ceramic curved surface parts with low contrast based on deep learning[J]. Ceramics International, 2023, 49(2): 2881-2893.

[105] Lemaire M, Ouaftouh M, Duquennoy M, et al. Defects detection on silicon nitride balls by laser ultrasonics[C]. AIP Conference Proceedings. American Institute of Physics, 2005, 760(1): 313-320.

[106] Salazar A, Vergara L. ICA mixtures applied to ultrasonic nondestructive classification of archaeological ceramics[J]. Eurasip Journal on Advances in Signal Processing, 2010 (2010): 1-11.

[107] Kesharaju M, Nagarajah R. Feature selection for neural network based defect classification of ceramic components using high frequency ultrasound[J]. Ultrasonics, 2015(62): 271-277.

[108] Q Xi, Q S Li, XF Yang, et al. The application of digital X-ray inspection technology in ceramic parts inspection[J]. NDT, 2015, 39(5): 46-48.

[109] Andersson C, Ingman J, Varescon E, et al. Detection of cracks in multilayer ceramic capacitors by X-ray imaging[J]. Microelectronics Reliability, 2016(64): 352-356.

[110] Thornton J, Arhatari B D, Sesso M, et al. Failure evaluation of a SiC/SiC ceramic matrix composite during in-situ loading using micro X-ray computed tomography[J]. Microscopy and Microanalysis, 2019, 25(3): 583-591.

[111] Trieb K, Glinz J, Reiter M, et al. Non-destructive testing of ceramic knee implants using micro-computed tomography[J]. The Journal of Arthroplasty, 2019, 34(9): 2111-2117.

[112] Nickerson S, Shu Y, Zhong D, et al. Permeability of porous ceramics by X-ray CT image analysis[J]. Acta Materialia, 2019(172): 121-130.

[113] Sfarra S, Ibarra-Castanedo C, Bendada A, et al. Comparative study for the nondestructive testing of advanced ceramic materials by infrared thermography and holographic

interferometry[C]//Thermosense XXXII. SPIE, 2010, 7661: 200-209.

[114] 陈金贵, 陈昊, 张奔. 基于改进 Niblack 算法的轴承滚子表面缺陷检测 [J]. 组合机床与自动化加工技术, 2018(12): 82-85, 97.

[115] 陈昊, 张奔, 黎明, 等. 基于图像光流的轴承滚子表面缺陷检测 [J]. 仪器仪表学报, 2018, 39(6): 198-206.

[116] Yu D, Zhang X, Luo H, et al. Effect of nozzle inlet parameters on the dry granulation atomization process of silicon nitride ceramic bearing balls[J]. International Journal of Modeling, Simulation, and Scientific Computing, 2021, 12(6): 1-23.

[117] 廖达海, 殷明帅, 罗宏斌, 等. 基于耦合去噪算法的航空发动机中氮化硅圆柱滚子表面缺陷的检测方法 [J]. 兵工学报, 2022, 43(1): 190-198.

[118] Dongling Y, Xiaohui Z, Jianzhen Z, et al. An enhancement algorithm based on adaptive updating template with Gaussian model for silicon nitride ceramic bearing roller surface defects detection[J]. Ceramics International, 2022, 48(5): 6672-6680.

[119] Neogi N, Mohanta D K, Dutta P K. Defect detection of steel surfaces with global adaptive percentile thresholding of gradient image[J]. Journal of the Institution of Engineers (india): Series B, 2017, 98: 557-565.

[120] 郭皓然, 邵伟, 周阿维, 等. 全局阈值自适应的高亮金属表面缺陷识别新方法 [J]. 仪器仪表学报, 2017, 38(11): 2797-2804.

[121] 马云鹏, 李庆武, 何飞佳, 等. 金属表面缺陷自适应分割算法 [J]. 仪器仪表学报, 2017, 38(1): 245-251.

[122] 林丽君, 殷鹰, 何明格, 等. 基于小波模极大值的磁瓦裂纹缺陷边缘检测算法 [J]. 电子科技大学学报, 2015, 44(2): 283-288.

[123] 郭萌, 胡辽林, 赵江涛. 基于 Kirsch 和 Canny 算子的陶瓷碗表面缺陷检测方法 [J]. 光学学报, 2016, 36(9): 27-33.

[124] Wang S, Liu X, Yang T, et al. Panoramic crack detection for steel beam based on structured random forests[J]. IEEE Access, 2018, 6: 16432-16444.

[125] Zhang D, Li Q, Chen Y, et al. An efficient and reliable coarse-to-fine approach for asphalt pavement crack detection[J]. Image and Vision Computing, 2017, 57: 130-146.

[126] Zhou X, Wang Y, Zhu Q, et al. A surface defect detection framework for glass bottle bottom using visual attention model and wavelet transform[J]. IEEE Transactions on Industrial Informatics, 2019, 16(4): 2189-2201.

[127] Yu H, Li Q, Tan Y, et al. A coarse-to-fine model for rail surface defect detection[J]. IEEE Transactions on Instrumentation and Measurement, 2018, 68(3): 656-666.

[128] Nieniewski M. Morphological detection and extraction of rail surface defects[J]. IEEE

Transactions on Instrumentation and Measurement, 2020, 69(9): 6870-6879.

[129] Bhattacharya G, Mandal B, Puhan N B. Interleaved Deep Artifacts-Aware Attention Mechanism for Concrete Structural Defect Classification[J]. IEEE Transactions on Image Processing, 2021, 30: 6957-6969.

[130] 赵永强，饶元，董世鹏，等．深度学习目标检测方法综述 [J]. 中国图象图形学报，2020, 25(4): 5-30.

[131] Liao D, Cui Z, Li J, et al. Surface defect detection of silicon nitride ceramic bearing ball based on improved homomorphic filter-Gaussian filter coupling algorithm[J]. AIP Advances, 2022, 12(2).

[132] 田萱，王亮，丁琪．基于深度学习的图像语义分割方法综述 [J]. 软件学报，2019, 30(2): 440-468.

[133] Long J, Shelhamer E, Darrell T. Fully convolutional networks for semantic segmentation[C]//Proceedings of the IEEE conference on computer vision and pattern recognition. 2015: 3431-3440.

[134] 陈智．基于卷积神经网络的语义分割研究 [D]. 北京：北京交通大学，2018.

[135] Adegun A A, Viriri S. FCN-based DenseNet framework for automated detection and classification of skin lesions in dermoscopy images[J]. IEEE Access, 2020, 8: 150377-150396.

[136] Badrinarayanan V, Kendall A, Cipolla R. Segnet: A deep convolutional encoder-decoder architecture for image segmentation[J]. IEEE transactions on pattern analysis and machine intelligence, 2017, 39(12): 2481-2495.

[137] 苏润．基于 U-Net 框架的医学图像分割若干关键问题研究 [D]. 合肥：中国科学技术大学，2021.

[138] Ronneberger O, Fischer P, Brox T. U-net: Convolutional networks for biomedical image segmentation[C]//Medical Image Computing and Computer-Assisted Intervention–MICCAI 2015: 18th International Conference, Munich, Germany, October 5-9, 2015, Proceedings, Part III 18. Springer International Publishing, 2015: 234-241.

[139] 殷晓航，王永才，李德英．基于 U-Net 结构改进的医学影像分割技术综述 [J]. 软件学报，2021, 32(2): 519-550.

[140] 朱苏雅，杜建超，李云松，等．采用 U-Net 卷积网络的桥梁裂缝检测方法 [J]. 西安电子科技大学学报，2019, 46(4): 35-42.

[141] 黄鸿，吕容飞，陶俊利，等．基于改进 U-Net++ 的 CT 影像肺结节分割算法 [J]. 光子学报，2021, 50(2): 73-83.

[142] Chen L C, Papandreou G, Kokkinos I, et al. Deeplab: Semantic image segmentation

with deep convolutional nets, atrous convolution, and fully connected crfs[J]. IEEE transactions on pattern analysis and machine intelligence, 2017, 40(4): 834-848.

[143] 陈天华，郑司群，于峻川．采用改进 DeepLab 网络的遥感图像分割 [J]．测控技术，2018, 37(11): 34-39.

[144] 王蓝玉．基于 Deeplab V3+ 网络的遥感地物图像语义分割研究 [D]．哈尔滨：哈尔滨工业大学，2020.

[145] Chen L C, Papandreou G, Kokkinos I, et al. Semantic image segmentation with deep convolutional nets and fully connected crfs[J]. arXiv preprint arXiv:1412.7062, 2014.

[146] Chen L C, Zhu Y, Papandreou G, et al. Encoder-decoder with atrous separable convolution for semantic image segmentation[C]//Proceedings of the European conference on computer vision (ECCV). 2018: 801-818.

[147] 欧晓焱．基于注意力机制的 deeplab v3+ 语义分割算法研究 [D]．南京：南京邮电大学，2022.

[148] 王仪晖．基于语义分割的航空轴承滚珠装配精准检测方法 [D]．哈尔滨：哈尔滨理工大学，2021.

[149] Bharati P, Pramanik A. Deep learning techniques—R-CNN to mask R-CNN: a survey[J]. Computational Intelligence in Pattern Recognition: Proceedings of CIPR 2019, 2020: 657-668.

[150] 刘昱均．基于 Mask R-CNN 的实例分割算法研究 [D]．武汉：华中科技大学，2019.

[151] 蔡彪，沈宽，付金磊，等．基于 Mask R-CNN 的铸件 X 射线 DR 图像缺陷检测研究 [J]．仪器仪表学报，2020, 41(3): 61-69.

[152] 郭龙源，段厚裕，周武威，等．基于 Mask R-CNN 的磁瓦表面缺陷检测算法 [J]．计算机集成制造系统，2022, 28(5): 1393-1400.

[153] 王森，伍星，张印辉，等．基于深度学习的全卷积网络图像裂纹检测 [J]．计算机辅助设计与图形学学报，2018, 30(5): 859-867.

[154] Dung C V. Autonomous concrete crack detection using deep fully convolutional neural network[J]. Automation in Construction, 2019, 99: 52-58.

[155] He T, Liu Y, Xu C, et al. A fully convolutional neural network for wood defect location and identification[J]. IEEE Access, 2019, 7: 123453-123462.

[156] Roberts G, Haile S Y, Sainju R, et al. Deep learning for semantic segmentation of defects in advanced STEM images of steels[J]. Scientific reports, 2019, 9(1): 1-12.

[157] 刘畅，张剑，林建平．基于神经网络的磁瓦表面缺陷检测识别 [J]．表面技术，2019, 48(8): 330-339.

[158] 文喆皓，周敏．基于深度学习的磁瓦表面孔洞和裂纹缺陷识别 [J]．兵器材料科学与

工程，2020, 43(6): 106-112.

[159] Liu E, Chen K, Xiang Z, et al. Conductive particle detection via deep learning for ACF bonding in TFT-LCD manufacturing[J]. Journal of Intelligent Manufacturing, 2020, 31(4): 1037-1049.

[160] 蒋美仙，郑碧佩，郑佳美，等．基于 Deeplab-V3 的焊缝缺陷检测应用研究 [J]. 浙江工业大学学报，2021, 49(4): 416-422.

[161] Xiao L, Wu B, Hu Y. Surface defect detection using image pyramid[J]. IEEE Sensors Journal, 2020, 20(13): 7181-7188.

[162] Tao X, Peng L, Tao Y, et al. Inspection of defects in weld using differential array ECT probe and deep learning algorithm[J]. IEEE Transactions on Instrumentation and Measurement, 2021, 70: 1-9.

[163] Kida K, Koga J, Santos E C. Crack growth and splitting failure of silicon nitride ceramic balls under cyclic pressure loads[J]. Mechanics of Materials, 2017, 106: 58-66.

[164] 杨铁滨，王黎钦，古乐，等．氮化硅陶瓷球加工缺陷分析与无损检测技术研究 [J]. 兵工学报，2007, 11(4): 211-216.

[165] 马晓．基于深度卷积神经网络的图像语义分割 [D]. 成都：中国科学院大学（中国科学院光电技术研究所），2018.

[166] 肖明尧，李雄飞，张小利，等．基于多尺度的区域生长的图像分割算法 [J]. 吉林大学学报（工学版），2017, 47(5): 1591-1597.

[167] 吴子燕，贾大卫，王其昂．基于卷积神经网络与区域生长法的建筑裂缝识别 [J]. 应用基础与工程科学学报，2022, 30(2): 317-327.

[168] 韩守东，赵勇，陶文兵，等．基于高斯超像素的快速 Graph Cuts 图像分割方法 [J]. 自动化学报，2011, 37(1): 11-20.

[169] 刘晓洋，赵德安，贾伟宽，等．基于超像素特征的苹果采摘机器人果实分割方法 [J]. 农业机械学报，2019, 50(11): 15-23.

[170] 陈海永，郄丽忠，杨德东，等．基于超像素信息反馈的视觉背景提取算法 [J]. 光学学报，2017, 37(7): 186-194.

[171] 葛婷，牟宁，李黎．基于 softmax 回归与图割法的脑肿瘤分割算法 [J]. 电子学报，2017, 45(3): 644-649.

[172] 张令涛，曲道奎，徐方．一种基于图割的改进立体匹配算法 [J]. 机器人，2010, 32(1): 104-108.

[173] 王震．基于图割法的无人机正射影像拼接算法研究 [D]. 青岛：山东科技大学，2020.

[174] 王慧斌，高国伟，徐立中，等．基于纹理特征的多区域水平集图像分割方法 [J]. 电

子学报，2018, 46(11): 2588-2596.

[175] 赵泉华，高郡，李玉. 基于区域划分的多特征纹理图像分割 [J]. 仪器仪表学报，2015, 36(11): 2519-2530.

[176] 赵进辉，罗锡文，周志艳. 基于颜色与形状特征的甘蔗病害图像分割方法 [J]. 农业机械学报，2008(9): 100-103, 133.

[177] 张志斌，罗锡文，臧英，等. 基于颜色特征的绿色作物图像分割算法 [J]. 农业工程学报，2011, 27(7): 183-189.

[178] 王涛，胡事民，孙家广. 基于颜色—空间特征的图像检索 [J]. 软件学报，2002(10): 2031-2036.

[179] 徐慧萍. 卷积神经网络下深度特征融合的图像语义分割方法研究 [D]. 兰州：兰州理工大学，2021.

[180] 张金锋，刘军，谢枫，等. 基于改进 Deeplabv3+ 网络的遥感图像选站选线语义分割 [J]. 控制工程，2022, 29(3): 558-563.

[181] 陈蓓. 面向光神经网络的硅基光子器件及系统的关键技术研究 [D]. 杭州：浙江大学，2022.

[182] 林皓纯，陈秀梅，史凤梁，等. 基于残差全连接神经网络机床传动轴刚度预测研究 [J]. 机床与液压，2022, 50(23): 110-113.

[183] 张永帅，杨国威，王琦琦，等. 基于全卷积神经网络的焊缝特征提取 [J]. 中国激光，2019, 46(3): 36-43.

[184] Zhang J, Lu C, Wang J, et al. Concrete cracks detection based on FCN with dilated convolution[J]. Applied Sciences, 2019, 9(13): 1-20.

[185] Kim H, Lee S, Han S. Railroad surface defect segmentation using a modified fully convolutional network[J]. KSII Transactions on Internet and Information Systems (TIIS), 2020, 14(12): 4763-4775.

[186] Daubechies I, DeVore R, Foucart S, et al. Nonlinear approximation and (deep) ReLU networks[J]. Constructive Approximation, 2022, 55(1): 127-172.

[187] Ezeafulukwe U A, Darus M, Fadipe-Joseph O. On analytic properties of a sigmoid function[J]. Int. Journal of Mathematics and Computer Science, 2018, 13(2): 171-178.

[188] Zahran E H M, Khater M M A. Modified extended tanh-function method and its applications to the Bogoyavlenskii equation[J]. Applied Mathematical Modelling, 2016, 40(3): 1769-1775.

[189] Srivastava N, Hinton G, Krizhevsky A, et al. Dropout: a simple way to prevent neural networks from overfitting[J]. The journal of machine learning research, 2014, 15(1): 1929-1958.

[190] Liu L, Shen C, van den Hengel A. Cross-convolutional-layer pooling for image recognition[J]. IEEE transactions on pattern analysis and machine intelligence, 2016, 39(11): 2305-2313.

[191] 伍云霞，田一民. 基于最大池化稀疏编码的煤岩识别方法 [J]. 工程科学学报，2017, 39(7): 981-987.

[192] Sibi P, Jones S A, Siddarth P. Analysis of different activation functions using back propagation neural networks[J]. Journal of theoretical and applied information technology, 2013, 47(3): 1264-1268.

[193] 刘俊，李威，陈蜀宇，等. 一种基于各向异性高斯核核惩罚的 PCA 特征提取算法 [J]. 软件学报，2022, 33(12): 4574-4589.

[194] Si Z, Wen S, Dong B. NOMA codebook optimization by batch gradient descent[J]. IEEE Access, 2019, 7: 117274-117281.

[195] Bottou L. Stochastic gradient descent tricks[J]. Neural Networks: Tricks of the Trade: Second Edition, 2012: 421-436.

[196] Zheng Q, Zhang H, Li Y, et al. Aero-engine on-board dynamic adaptive MGD neural network model within a large flight envelope[J]. IEEE Access, 2018, 6: 45755-45761.

[197] Wen L, Li X, Gao L. A transfer convolutional neural network for fault diagnosis based on ResNet-50[J]. Neural Computing and Applications, 2020, 32: 6111-6124.

[198] Kumar R. Image Classification Using Network Inception-Architecture Applications[J]. International Journal of Innovative Research in Computer and Communication Engineering, 2021, 10(1): 339-342.

[199] Kadam K, Ahirrao S, Kotecha K, et al. Detection and localization of multiple image splicing using MobileNet V1[J]. IEEE Access, 2021, 9: 162499-162519.

[200] Xia X, Xu C, Nan B. Inception-v3 for flower classification[C]. 2017 2nd international conference on image, vision and computing (ICIVC). IEEE, 2017: 783-787.

[201] Chollet F. Xception: Deep learning with depthwise separable convolutions[C]. Proceedings of the IEEE conference on computer vision and pattern recognition. 2017: 1251-1258.

[202] Purkait P, Zhao C, Zach C. SPP-Net: Deep absolute pose regression with synthetic views[J]. arXiv preprint arXiv, 2017, 10: 1-10.

[203] He K, Zhang X, Ren S, et al. Spatial pyramid pooling in deep convolutional networks for visual recognition[J]. IEEE transactions on pattern analysis and machine intelligence, 2015, 37(9): 1904-1916.

[204] Wang Y, Wang G, Chen C, et al. Multi-scale dilated convolution of convolutional neural

network for image denoising[J]. Multimedia Tools and Applications, 2019, 78: 19945-19960.

[205] Yu F, Koltun V. Multi-scale context aggregation by dilated convolutions[J]. arXiv preprint arXiv: 1511.07122, 2015, 30:1-13.

[206] Sifre L, Mallat S. Rigid-motion scattering for texture classification[J]. arXiv preprint arXiv:1403.1687, 2014.

[207] Chen L C, Papandreou G, Kokkinos I, et al. Deeplab: Semantic image segmentation with deep convolutional nets, atrous convolution, and fully connected crfs[J]. IEEE transactions on pattern analysis and machine intelligence, 2017, 40(4): 834-848.

[208] Jaderberg M, Simonyan K, Zisserman A. Spatial transformer networks[J]. Advances in neural information processing systems, 2015, 28.

[209] Ran H, Wen S, Wang S, et al. Memristor-based edge computing of ShuffleNetV2 for image classification[J]. IEEE Transactions on Computer-Aided Design of Integrated Circuits and Systems, 2020, 40(8): 1701-1710.

[210] Xiaowei Qin, Shuang Li, Lin Zhao, et al. Silicon nitride ceramics consolidated by oscillatory pressure sintering[J]. Ceramics International, 2020, 46(9): 14235-14240.

[211] Xd A, Gb B, Tk C, et al. Non-linear mechanical properties and dynamic response of silicon nitride bioceramic[J]. Ceramics International, 2021, 27(43): 525-536.

[212] Xza B, Dw A, Zs B, et al. Grinding performance improvement of laser micro-structured silicon nitride ceramics by laser macro-structured diamond wheels[J]. Ceramics International, 2020, 46(1): 795-802.

[213] Aka B, Yz A, Cpg C, et al. Bearing defect size assessment using wavelet transform based Deep Convolutional Neural Network (DCNN)[J]. Alexandria Engineering Journal, 2020, 59(2): 999-1012.

[214] Qi Hai, Zhang Peizhi, Guo Fangquan. Research status of rolling contact fatigue properties of silicon nitride bearing balls[J]. Materials for Mechanical Engineering, 2014, 38(6): 1-5.

[215] Liao D, Cui Z, Zhang X, et al. Surface defect detection and classification of silicon nitride turbine blades based on convolutional neural network and YOLOv5[J]. Advances in Mechanical Engineering, 2022, 14(2): 16878132221081580.

[216] 祁海, 张培志, 郭方全. 氮化硅轴承滚动接触疲劳性能的研究现状 [J]. 机械工程材料, 2014, 38(6): 1-5.

[217] Lai J, Kadin Y, Vieillard C. Characterization and modelling of the degradation of silicon nitride balls with surface missing-material defects under lubricated rolling contact

conditions[J]. Wear, 2018, 12(6): 146-157.

[218] Bonetto A, Daniel Nélias, Chaise T, et al. A Coupled Euler-Lagrange Model for More Realistic Simulation of Debris Denting in Rolling Element Bearings[J]. Tribology Transactions, 2019, 62(5): 1-17.

[219] Wu J M, Ma Y X, Cheng L J, et al. Isotropic silicon nitride ceramics fabricated by low-pressure spark plasma sintering in combination with direct coagulation casting[J]. Ceramics International, 2019, 45(7): 8454-8459.

[220] Liao D, Cui Z, Zhu Z, et al. A nondestructive recognition and classification method for detecting surface defects of silicon nitride bearing balls based on an optimized convolutional neural network[J]. Optical Materials, 2023, 136: 113401.

[221] 杨铁滨，王黎钦，古乐，等．氮化硅轴承加工缺陷分析与无损检测技术研究 [J]. 兵工学报，2007, 28(3): 353-357.

[222] Kawai N, Tsurui K, Shindo D, et al. Fracture behavior of silicon nitride ceramics subjected to hypervelocity impact[J]. International Journal of Impact Engineering, 2011, 38(7): 542-545.

[223] 钱佳立，陆惠宗，袁巨龙，等．基于光学原理的轴承球体表面缺陷检测方法研究 [J]. 表面技术，2018, 47(10): 309-314.

[224] Niu L, Cao H, Hou H, et al. Experimental observations and dynamic modeling of vibration characteristics of a cylindrical roller bearing with roller defects[J]. Mechanical Systems and Signal Processing, 2020, 38(6): 553-566.

[225] Zhao Z. Review of non-destructive testing methods for defect detection of ceramics-ScienceDirect[J]. Ceramics International, 2021, 47(4): 4389-4397.

[226] Steckel J. Beamforming Applied to Ultrasound Analysis in Detection of Bearing Defects[J]. Sensors, 2021, 21(20): 1-13.

[227] 谢济励，高俊国．基于空气耦合超声波的非金属陶瓷材料检测研究 [J]. 硅酸盐通报，2018, 37(6): 6-13.

[228] F. Deneuville. High frequency ultrasonic detection of C-crack defects in silicon nitride bearing balls[J]. Ultrasonics, 2009, 49(1): 89-93.

[229] A E E, A S K, B I S. Characterization of porosity and defect imaging in ceramic tile using ultrasonic inspections[J]. Ceramics International, 2012, 38(3): 2145-2151.

[230] Herring G K, Hesselink L. Holographic x-ray detection: A method for high resolution, high efficiency x-ray detection with differential phase contrast[J]. Applied Physics Letters, 2021, 118(26): 1-7.

[231] 朱鹏飞，叶雁，李作友，等．X 射线散射对面密度测量结果影响的数值模拟研究

[J]. 强激光与粒子束，2015, 27(6): 218-222.

[232] 周正干，孙广开，李洋. 先进无损检测技术在复合材料缺陷检测中的应用 [J]. 航空制造技术，2016, 18(4): 30-35.

[233] 齐子诚，倪培君，张维国，等. 工业 CT 检测中小缺陷定量方法 [J]. 科学技术与工程，2021, 21(3): 958-964.

[234] Andersson C, Ingman J, Varescon E, et al. Detection of cracks in multilayer ceramic capacitors by X-ray imaging[J]. Microelectronics Reliability, 2016: 64(2): 352-356.

[235] Nickerson S, Shu Y, Zhong D, et al. Permeability of Porous Ceramics by X-ray CT Image Analysis[J]. Acta Materialia, 2019, 172(15): 121-130.

[236] Shipway N J, Huthwaite P, Lowe M, et al. Performance Based Modifications of Random Forest to Perform Automated Defect Detection for Fluorescent Penetrant Inspection[J]. Journal of Nondestructive Evaluation, 2019, 38(2):1-11.

[237] 陈翠丽. 轴承用陶瓷球荧光渗透检测 [J]. 无损检测，2014, 36(11):3-6.

[238] 戴雪梅，苏清风，朱晓星. 荧光渗透检测在航空发动机研制阶段的应用 [J]. 铸造，2011, 60(10): 4-6.

[239] Kutman M K, Muftuler, et al. Use of Bacteria as Fluorescent Penetrant for Penetrant Testing[J]. Journal of Nondestructive Evaluation, 2020, 39(15): 1-6.

[240] Ren Z, Fengzhou Fang, Ning Yan, et al. State of the Art in Defect Detection Based on Machine Vision[J]. International Journal of Precision Engineering and Manufacturing-Green Technology, 2021, 9(12): 661-691.

[241] Zhang K, Fu L, Wang Z, et al. Research on surface defect detection of ceramic ball based on fringe reflection[J]. Optical Engineering, 2017, 56(10): 1-10.

[242] 杨铁滨，王黎钦，郑德志，等. 陶瓷缺陷图像检测及球面展开机构的研究 [J]. 兵工学报，2006, 27(4):708-711.

[243] Sun Ying, Fu Luhua, Wang Zhong. A fast detection algorithm for ceramic wall surface defects based on fringe reflection[J]. Journal of Measurement Science and Instrumentation, 2020, 11(1):28-37.

[244] Liu B, Yang Y, Wang S, et al. An Automatic System for Bearing Surface Tiny Defect Detection Based on Multi-Angle Illuminations[J]. Optik-International Journal for Light and Electron Optics, 2020, 208(1): 164517-164534.

[245] Wen S, Chen Z, Li C. Vision-Based Surface Inspection System for Bearing Rollers Using Convolutional Neural Networks[J]. Applied Sciences, 2018, 8(12): 1-19.

[246] 文生平，刘云明. 基于机器视觉的圆锥滚子外观缺陷检测系统研究 [J]. 计算机测量与控制，2017, 25(1):40-43.

[247] M. Lüthi, T. Gerig, C. Jud, et al, Gaussian Process Morphable Models[J]. IEEE Transactions on Pattern Analysis and Machine Intelligence, 2018, 40(8): 1860-1873.

[248] 张力娜，李小林. 基于小波变换与偏微分方程的图像分解及边缘检测 [J]. 计算机应用，2013, 33(8): 2334-2336

[249] Ko J, Cheoi K J. Image-processing based facial imperfection region detection and segmentation[J]. Multimedia Tools and Applications, 2021, 80(9): 34283-34296.

[250] Sps A, Mm B, Rt C, et al. A new matching image preprocessing for image data fusion[J]. Chemometrics and Intelligent Laboratory Systems, 2017, 164(15): 32-42.

[251] Liao D, Hu K, Li B, et al. A Coupled 3d Morphological Reconstruction Approach for Surface Microcrack in silicon nitride Ceramic Bearing Roller Based on Adaptive Nano Feature Extraction & Multiscale Depth Fusion[J]. Small Methods, 2023, 7(10): 2300396.

[252] Gao H, Gao T, Cheng R. Robust detection of median filtering based on data-pair histogram feature and local configuration pattern[J]. Journal of Information Security and Applications, 2020, 53(1): 1-9.

[253] U erkan, Thanh L Hieu, et al. An Iterative Mean Filter for Image Denoising[J]. IEEE Access, 2019, 16(7): 847-859.

[254] 朱士虎. 形态学高帽变换与低帽变换功能扩展及应用 [J]. 计算机工程与应用，2011, 47(34): 190-192.

[255] Zhou R G, Chang Z B, Fan P, et al. Quantum Image Morphology Processing Based on Quantum Set Operation[J]. International Journal of Theoretical Physics, 2015, 54(6): 1974-1986.

[256] Correia J, Rodriguez-Fernandez N, Vieira L, et al. Towards Automatic Image Enhancement with Genetic Programming and Machine Learning. Applied Sciences. 2022, 12(4): 1-21.

[257] Wu X F, Hu S G, Zhao J, et al. Comparative analysis of different methods for image enhancement[J]. Journal of Central South University, 2014, 21(12): 159-166.

[258] 郭永坤，朱彦陈，刘莉萍，等. 空频域图像增强方法研究综述 [J]. 计算机工程与应用，2022, 58(2): 1-16.

[259] 陈龙，赵巍. 一种改进的自适应分段线性变换算法 [J]. 激光与红外，2020, 50(8): 1020-1024.

[260] Latha T, Sasikumar M. A Novel Non-linear Transform Based Image Restoration for Removing Three Kinds of Noises in Images[J]. Journal of the Institution of Engineers Series B, 2015, 96(3): 17-26.

[261] Li X S, Wang J, Zhao D X. Enhancement Channel Estimation Using Outer-Product

Decomposition Algorithm Based on Frequency Transformation[J]. Journal of Marine Science and Application, 2020, 19(2): 283-292.

[262] Wang Z, Zhu Y. Image segmentation evaluation: a survey of methods[J]. Artificial Intelligence Review, 2020, 53(3): 5637–5674.

[263] Christy A J, Umamakeswari A. A Novel Percentage Split Distribution Method for Image Thresholding[J]. Optik-International Journal for Light and Electron Optics, 2020, 218(2): 1-13.

[264] Mazouzi S, Guessoum Z. A fast and fully distributed method for region-based image segmentation[J]. Journal of Real-Time Image Processing, 2021, 18 (7): 793–806.

[265] 黄鹏，郑淇，梁超. 图像分割方法综述 [J]. 武汉大学学报 (理学版)，2020, 66(6): 519-531.

[266] Shen H, Li S, Gu D, et al. Bearing defect inspection based on machine vision[J]. Measurement, 2012, 45(4): 719-733.

[267] 张国翊，胡铮，徐婷. 基于特征提取的缺陷图像分类方法 [J]. 北京工业大学学报，2010, 36(4): 450-457.

[268] Liu Y, Zheng C, Zheng Q, et al. Removing Monte Carlo noise using a Sobel operator and a guided image filter[J]. The Visual Computer: International Journal of Computer Graphics, 2017, 34(6): 1-13.

[269] Vimala C, Priya P A. Artificial neural network based wavelet transform technique for image quality enhancement[J]. Computers & Electrical Engineering, 2019, 76(2): 258-267.

[270] Ramlal S D, Sachdeva J, Ahuja C K, et al. An improved multimodal medical image fusion scheme based on hybrid combination of nonsubsampled contourlet transform and stationary wavelet transform[J]. International Journal of Imaging Systems and Technology, 2019, 29(2): 146-160.

[271] Tiebin Yang, Liqin Wang, Dezhi Zheng, et al. Image Acquisition and Segmentation for Ceramic Bearing Ball Surface Inspection System[J]. Intelligent Control & Automation, 2006, 2: 8444-8447.

[272] Wang H, Dai L, Cai Y, et al. Salient Object Detection Based on Multi-scale Contrast[J]. Neural Networks, 2018, 8(4): 101-110.

[273] Guihua Tang, Lei Sun,1 Xiuqing Mao. Detection of GAN-Synthesized Image Based on Discrete Wavelet Transform[J]. Security and Communication Networks, 2021, 58(6): 1-10.

[274] D Zhang, Chen A, Wang Q, et al. Influence of distance between sample surface and focal

point on the expansion dynamics of laser-induced silicon plasma under different sample temperatures in air[J]. Optik-International Journal for Light and Electron Optics, 2019, 202(4): 1-9.

[275] Dahai L, Zhihui C, Xianqi L, et al. A lightweight convolutional neural network for recognition and classification for silicon nitride chip substrate surface defects[J]. Ceramics International, 2023, 49(22): 35608-35616.

[276] Xingzhi Chang, Chengxi Gu, Jiuzhen Liang, et al. Fabric Defect Detection Based on Pattern Template Correction[J]. Mathematical Problems in Engineering, 2018, 22(3): 33-50.

[277] D M Tsai, I Chiang, Y H Tsai. A shift-tolerant dissimilarity measure for surface defect detection[J], IEEE Trans. Ind. Informat. 2012, 1(8): 128-137.

[278] C Jian, J Gao, Y Ao. Automatic surface defect detection for mobile phonescreen glass based on machine vision[J]. Appl.Soft.Comput., 2017, 5(52): 348-358.

[279] Yu D L, Zhu Z X, Min J L, et al. Multi-scale decomposition enhancement algorithm for surface defect images of silicon nitride ceramic bearing balls based on stationary wavelet transform[J]. Advances in Applied Ceramics, 2021, 120(1): 47-57.

[280] Liu R, Lu Y, Gong C, et al. Infrared point target detection with improved template matching[J]. Infrared Physics & Technology, 2012, 55(4): 380-387.

[281] Dongling Y, Xiaohui Z, Jianzhen Z, et al. An enhancement algorithm based on adaptive updating template with Gaussian model for Si_3N_4 ceramic bearing roller surface defects detection[J]. Ceramics International, 2022, 48(5): 6672-6680.

[282] Liao D, Yin M, Yi J, et al. A nondestructive testing method for detecting surface defects of Si3N4-Bearing cylindrical rollers based on an optimized convolutional neural network[J]. Ceramics International, 2022, 48(21): 31299-31308.

[283] Dahai L, Zhihui C, Xianqi L, et al. A lightweight convolutional neural network for recognition and classification for Si_3N_4 chip substrate surface defects[J]. Ceramics International, 2023, 49(22): 35608-35616.

[284] Liao D, Yang J, Liao X, et al. A coupled 3D morphological reconstruction method for point microcrack defects in Si3N4 ceramic bearing rollers[J]. Composite Structures, 2024, 338: 118107.

[285] Liao D, Hu K, Huang F, et al. Multi-scale split matching three-dimensional reconstruction method of surface microcracks on the silicon nitride bearing roller[J]. Ceramics International, 2024, 50(3): 5624-5635.

[286] Liao D, Hu K, Li B, et al. A Coupled 3d Morphological Reconstruction Approach for

Surface Microcrack in Si3n4 Ceramic Bearing Roller Based on Adaptive Nano Feature Extraction & Multiscale Depth Fusion[J]. Small Methods, 2023, 7(10): 2300396.

[287] Chen T, Dong L, Liao X Q, et al. Defect enhancement method for ZrO2-bearing spherical surface representation based on complete defect stitching and self-defined background balancing algorithm[J]. Optics & Laser Technology, 2024, 169: 110025.

[288] Liao D, Yang J, Liao X, et al. Detection method of Si_3N_4 bearing rollers point microcrack defects based on adaptive region growing segmentation[J]. Measurement, 2024: 114958.

[289] Liao D, Yin M, Luo H, et al. Machine vision system based on a coupled image segmentation algorithm for surface-defect detection of a Si_3N_4 bearing roller[J]. JOSA A, 2022, 39(4): 571-579.

[290] Jiang Y, Hu K, Zhang X, et al. A saturation channel detection method for surface defects of silicon nitride bearing rollers based on adaptive gamma correction-edge threshold segmentation coupling algorithm[J]. Materials Today Communications, 2023, 36: 106397.

[291] Jiang Y, Hu K, Zhang X, et al. A coupling enhancement algorithm for ZrO_2 ceramic bearing ball surface defect detection based on cartoon-texture decomposition model and multi-scale filtering method[J]. Optics Communications, 2024, 554: 130214.

[292] Liao D, Cui Z, Zhu Z, et al. A nondestructive recognition and classification method for detecting surface defects of Si_3N_4 bearing balls based on an optimized convolutional neural network[J]. Optical Materials, 2023, 136: 113401.

[293] Liao D, Cui Z, Li J, et al. Surface defect detection of Si_3N_4 ceramic bearing ball based on improved homomorphic filter-Gaussian filter coupling algorithm[J]. AIP Advances, 2022, 12(2).

[294] Liao D, Cui Z, Zhang X, et al. Surface defect detection and classification of Si_3N_4 turbine blades based on convolutional neural network and YOLOv5[J]. Advances in Mechanical Engineering, 2022, 14(2): 16878132221081580.

[295] Tao C, Le D, Xin Z, et al. Detection method based on a coupled illumination correction algorithm for the detection of surface defects in ZrO_2 ceramic bearing balls[J]. Applied Optics, 2022, 61(27): 7813-7819.

[296] Liao D, Xia X, Liao X, et al. The algorithm for extracting surface defects from ZrO_2 ceramic bearing balls using shearlet transform image enhancement[J]. AIP Advances, 2024, 14(5).（SCI 检索）

[297] 廖达海, 殷明帅, 罗宏斌, 等. 基于耦合去噪算法的航空发动机中 Si_3N_4 圆柱滚子表面缺陷的检测方法 [J]. 兵工学报 ,2022,43(1):190-198.

[298] 廖达海，殷明帅，罗宏斌，等 . 基于剪切波变换对 Si_3N_4 陶瓷轴承内圈沟道表面缺陷检测的分析 [J]. 航空动力学报，2024,39(1):231-239.

[299] Liao D, Yang J, Li G, et al. Edge segmentation method for Si3N4 bearing rolling elements microcracks with profile-distortion[J]. Tribology International, 2025, 202: 110351.